21世纪普通高校计算机公共课程规划教材

数据库原理实验及实训教程

陈玉哲 主编　　王艳君 副主编

李文斌 赵书良 编著

U0146749

清华大学出版社
北京

内 容 简 介

本教程由实验篇和案例篇两部分组成,实验篇针对数据库技术理论知识中的重点、难点设计相应的实验,总共 31 个实验,涵盖了概念模型设计、逻辑模型设计、数据库的创建(包括数据库、架构、表、索引)、数据查询和更新、视图、游标和存储过程、数据库的安全性、数据库的完整性、数据库的并发性、数据库的备份与恢复技术,另外还包括物理模型设计与优化、异构数据库间的数据转换等。案例篇提供一个课程设计案例,前台使用 PHP,后台数据库采用 SQL Server 2005。该案例包括数据库应用系统开发的全过程,对需求分析、数据库设计、数据库的实施、数据库运行和维护等环节进行了详细的阐述。

本书与理论教学内容紧密结合,由点到面步步深入,适用于高等学校数据库技术相关课程的实践教学。

图书在版编目(CIP)数据

数据库原理实验及实训教程/陈玉哲主编. —北京:清华大学出版社,2010.8
(21 世纪普通高校计算机公共课程规划教材)
ISBN 978-7-302-22617-8

Ⅰ. ①数…　Ⅱ. ①陈…　Ⅲ. ①数据库系统－高等学校－教学参考资料　Ⅳ. ①TP311.13

中国版本图书馆 CIP 数据核字(2010)第 081859 号

责任编辑:梁　颖　赵晓宁
责任校对:李建庄
责任印制:王秀菊

出版发行:	清华大学出版社	地　　址:	北京清华大学学研大厦 A 座	
	http://www.tup.com.cn	邮　　编:	100084	
社　　总　　机:	010-62770175	邮　　购:	010-62786544	
投稿与读者服务:	010-62795954,jsjjc@tup.tsinghua.edu.cn			
质　量　反　馈:	010-62772015,zhiliang@tup.tsinghua.edu.cn			

印　刷　者:北京四季青印刷厂
装　订　者:三河市新茂装订有限公司
经　　销:全国新华书店
开　　本:185×260　印　张:13.25　字　数:323 千字
版　　次:2010 年 8 月第 1 版　印　　次:2010 年 8 月第 1 次印刷
印　　数:1~4000
定　　价:21.00 元

产品编号:036333-01

出 版 说 明

　　随着我国改革开放的进一步深化,高等教育也得到了快速发展。各地高校紧密结合地方经济建设发展需要,科学运用市场调节机制,加大了使用信息科学等现代科学技术提升、改造传统学科专业的投入力度。通过教育改革合理调整和配置了教育资源,优化了传统学科专业,积极为地方经济建设输送人才,为我国经济社会的快速、健康和可持续发展以及高等教育自身的改革发展做出了巨大贡献。但是,高等教育质量还需要进一步提高以适应经济社会发展的需要,不少高校的专业设置和结构不尽合理,教师队伍整体素质亟待提高,人才培养模式、教学内容和方法需要进一步转变,学生的实践能力和创新精神亟待加强。

　　教育部一直十分重视高等教育质量工作。2007 年 1 月,教育部下发了《关于实施高等学校本科教学质量与教学改革工程的意见》,计划实施"高等学校本科教学质量与教学改革工程(简称'质量工程')"。通过专业结构调整、课程教材建设、实践教学改革、教学团队建设等多项内容,进一步深化高等学校教学改革,提高人才培养的能力和水平,更好地满足经济社会发展对高素质人才的需要。在贯彻和落实教育部"质量工程"的过程中,各地高校发挥师资力量强、办学经验丰富、教学资源充裕等优势,对其特色专业及特色课程(群)加以规划、整理和总结,更新教学内容、改革课程体系,建设了一大批内容新、体系新、方法新、手段新的特色课程。在此基础上,经教育部相关教学指导委员会专家的指导和建议,清华大学出版社在多个领域精选各高校的特色课程,分别规划出版系列教材,以配合"质量工程"的实施,满足各高校教学质量和教学改革的需要。

　　本系列教材立足于计算机公共课程领域,以公共基础课为主、专业基础课为辅,横向满足高校多层次教学的需要。在规划过程中体现了如下一些基本原则和特点。

　　(1) 面向多层次、多学科专业,强调计算机在各专业中的应用。教材内容坚持基本理论适度,反映各层次对基本理论和原理的需求,同时加强实践和应用环节。

　　(2) 反映教学需要,促进教学发展。教材要适应多样化的教学需要,正确把握教学内容和课程体系的改革方向,在选择教材内容和编写体系时注意体现素质教育、创新能力与实践能力的培养,为学生知识、能力、素质协调发展创造条件。

　　(3) 实施精品战略,突出重点,保证质量。规划教材把重点放在公共基础课和专业基础课的教材建设上;特别注意选择并安排一部分原来基础比较好的优秀教材或讲义修订再版,逐步形成精品教材;提倡并鼓励编写体现教学质量和教学改革成果的教材。

　　(4) 主张一纲多本,合理配套。基础课和专业基础课教材配套,同一门课程有针对不同层次、面向不同专业的多本具有各自内容特点的教材。处理好教材统一性与多样化,基本教材与辅助教材、教学参考书,文字教材与软件教材的关系,实现教材系列资源配套。

　　(5) 依靠专家,择优选用。在制定教材规划时要依靠各课程专家在调查研究本课程教材建设现状的基础上提出规划选题。在落实主编人选时,要引入竞争机制,通过申报、评审确定主题。书稿完成后要认真实行审稿程序,确保出书质量。

繁荣教材出版事业,提高教材质量的关键是教师。建立一支高水平教材编写梯队才能保证教材的编写质量和建设力度,希望有志于教材建设的教师能够加入到我们的编写队伍中来。

21 世纪普通高校计算机公共课程规划教材编委会

联系人:梁颖 liangying@tup. tsinghua. edu. cn

前　言

　　数据库技术是计算机科学技术中发展最快的领域和应用最广的技术之一。数据库原理是计算机及相关专业的一门专业基础课程,其教学目标是:通过理论学习,使学生深入理解数据库基础理论知识;通过实践,基本具备数据库管理与维护能力,熟练掌握数据库应用系统设计与开发技术。

　　一直以来,高等教育出版社出版的《数据库系统概论》是各个高校计算机专业数据库原理课程的首选经典教材,目前,最新版本为第四版。然而,该教材没有具体设计实践教学内容,因此国内高校在该课程的教学中,普遍侧重理论讲解,实践内容不够具体、明确,实践教学中可操作性不够理想,因此,我们编写了数据库原理实验与实训教程。本教程由两部分构成:第一部分是实验篇,针对重要的理论知识点,设计相应的实验,从而使理论与实践紧密结合,使学生真正深入领悟理论知识;第二部分是案例篇,通过一个课程设计案例使学生能够了解整个数据库应用系统项目开发的过程,了解项目开发过程中所涉及的文档,了解项目代码的书写规范。通过完成具体的任务,强化教材中学到的知识,掌握实际工作中需要的技能和方法,真正将知识转化为实际的技能。这将使得实践环节的教学开展的更加具体和充分,有效提高学生总体学习效果。

　　本书实验篇包括 31 个实验,通过这些实验可以帮助学生建立对数据库理论与技术的感性认识。其中,实验 1～实验 7 配合教材第 1 章,实验 8～实验 15 配合教材第 3 章,实验 16配合教材第 4 章,实验 17 配合教材第 5 章,实验 18～实验 25 配合教材第 7 章,实验 26～28配合教材第 8 章,实验 29～实验 30 配合教材第 10 章,实验 31 配合教材第 11 章。

　　案例篇提供了一个信息管理系统,主要对教师、学生、成绩、课程和班级等信息进行管理维护。该系统的前台网站是使用 PHP 开发,后台数据库采用 SQL Server 2005,通过完成课程设计案例,可以学习到网站应用程序架设的全过程,掌握数据库系统的设计、开发、实现和维护,同时还将了解到如何结合 SQL Server 2005 和 PHP 来开发一套数据库应用系统。

本教程的特色在于:

- 实践和理论同步。本书 DBMS 选用 SQL Server 2005,设计工具选用 PowerDesigner,把数据库技术的理论知识贯穿于各个实验中,每个实验目的明确、内容具体,可操作性强。同时,锻炼读者阅读和寻找其他资料解决问题的能力。
- 实践内容全面,重点、难点突出。作者根据自身对数据库技术 10 多年的使用和教学经验,同时参考相关的国内、外优秀教材,针对数据库技术的重点、难点,合理设计实验内容,使读者真正理解和掌握理论知识。

- 实践内容循序渐进、条理清晰。本书先针对每个知识点设计实验,然后通过课程设计案例把所有知识点联系起来,实现知识点的融合,使读者了解和掌握整个数据库应用系统项目开发的全过程。

- 与国内多数实验教材相比,本书与课程内容结合紧密,内容全面,目标明确,由点到面步步深入,实践相关的工具软件版本较新,非常适合于数据库原理及相关课程的实践教学。

- 重视数据库基础知识、数据库工具(PowerDesigner,SQL Server 2005)、数据库管理和数据库技术(数据库设计技术)等的统一。

数据库原理实验与实训教程即可作为高等学校计算机及相关专业的数据库实验教材,又适合于从事数据库开发的人员和广大计算机用户参考与自学。

感谢河北师范大学校长蒋春澜教授及校党委各领导,因为他们的改革意识和魄力,才有校企合作办学的软件学院,才有包括本书在内的改革成果的不断诞生。感谢河北师范大学数学与信息科学学院院长邓明立教授及院领导,给我们提供在软件学院工作、学习和发展的机会。

在"第二篇 课程设计案例"中,河北师范大学软件学院孟双英等老师参与了案例系统的实施。本书的撰写得到河北师范大学王志巍副教授、董东副教授的大力支持,还得到河北师范大学软件学院韩立刚老师、成少雷老师的大力帮助,在此,对他们表示感谢。同时,对同事、家人的关心和支持表示感谢。

由于时间仓促,实验手册中难免存在错误和不足之处,敬请广大读者、专家批评指正。

编者

2010 年 6 月

目 录

第一篇 实验篇

第二篇 案例篇

第一篇

实 验 篇

　　实验篇总共包括 31 个实验，DBMS 选用 SQL Server 2005，设计工具选用 PowerDesigner，把数据库技术的理论知识贯穿于各个实验中，每个实验目的明确、内容具体，可操作性强。通过这些实验，可以帮助学生建立对数据库理论与技术的感性认识。

　　本篇的每个实验都由下列三部分组成（有些实验还有拓展练习）：

- 实验目的。
- 实验背景。
- 实验内容。

实验 1　安装、了解数据库设计工具 PowerDesigner

1.1　目　　标

- 熟悉 PowerDesigner 的安装步骤。
- 了解 PowerDesigner 的操作环境。
- 了解 PowerDesigner 的基本功能。

1.2　背 景 知 识

PowerDesigner 是 Sybase 公司推出的企业级建模及设计工具,是一种图形化的 CASE 工具集。它可以设计业务处理模型、数据流程图、概念数据模型和物理数据模型等,包括数据库设计的全过程,利用它可以方便地进行数据库的分析与设计。PowerDesigner 支持将概念数据模型转换为物理数据模型、根据物理模型自动生成数据库创建脚本,提供概念模型的合并与分解功能以方便团队开发。PowerDesigner 支持许多主流的关系数据库管理系统和应用程序开发平台,目前已经推出 PowerDesigner 15.0 版本。

1.3　实 验 内 容

1. 获取安装文件

PowerDesigner 是商业软件,从 www. Sybase. com 获得其评估版本(PowerDesignerDA15 _Evaluation. exe),可以试用 15 天。

2. 安装 PowerDesigner

(1) 运行安装文件 PowerDesignerDA15_Evaluation. exe,按照程序的提示,进入安装许可界面,如图 1-1 所示。在 Please select the location where you are installing this software 下拉列表中选择 Americas[Mid/So.]and Asia Pacific 选项,再选择 I AGREE to the terms of the Sybase license,for the install location specified 单选按钮,接受协议。单击 Next 按钮,进入图 1-2 所示的设置安装路径界面。

(2) 设置安装路径。可以根据需要设置安装位置。

(3) 选择安装组件。在图 1-3 所示的选择安装组件界面中选择需要安装的组件(默认设置即可)。单击 Next 按钮,完成 PowerDesigner 的安装。

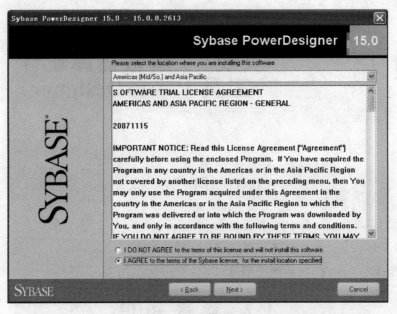

图 1-1　安装许可

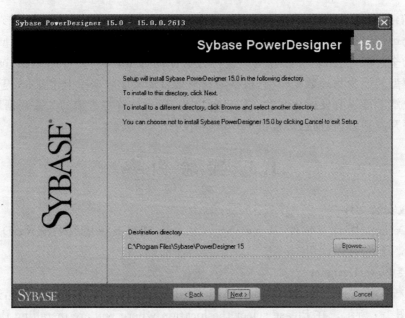

图 1-2　设置安装路径

3. 了解 PowerDesigner 的操作环境

（1）启动 PowerDesigner。

（2）打开 PowerDesigner 提供的范例模型。范例模型位于 PowerDesigner 安装路径下的 Examples 文件夹中，如果安装使用的是默认路径，则位于 C:\Program Files\Sybase\PowerDesigner 15\Examples 下。选择 File→Open 命令，在"打开"窗口中选择范例模型所在路径，再选择文件 project. cdm，单击"打开"按钮，进入模型设计界面，如图 1-4 所示。图 1-4 为 CDM 的设计界面说明，其他模型的设计界面与此类似，只是提供的工具和设计元件不同。

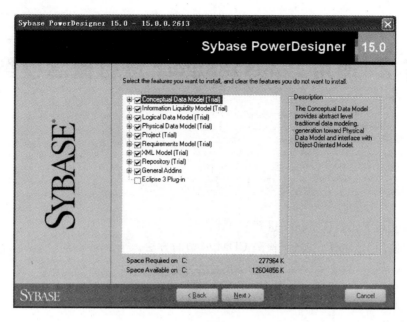

图 1-3　选择安装组件

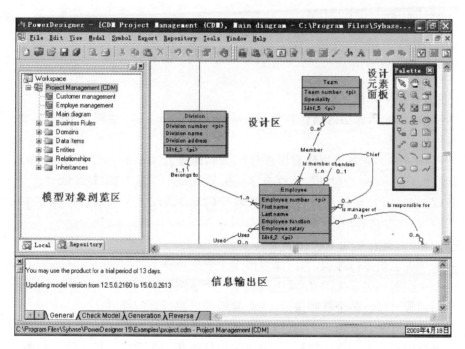

图 1-4　CDM 设计界面

4. 更改、修复、卸载 PowerDesigner

可以使用如下两种方式更改、修复或卸载 PowerDesigner：

（1）使用 PowerDesigner 的安装程序 PowerDesignerDA15_Evaluation.exe，根据需要选择 Modify、Repair 或 Remove 选项。

（2）使用 Windows 控制面板中的"添加/删除应用程序"工具。

安装、了解数据库设计工具 PowerDesigner

实验 2 | 使用 PowerDesigner 进行概念模型设计

2.1 目 标

- 熟练使用 PowerDesigner 进行 CDM 设计。
- 了解使用 PowerDesigner 检测 CDM 模型的方法。

2.2 背 景 知 识

可以先手工绘制 E-R 图,然后再使用 PowerDesigner 设计 CDM。实际应用中也可以直接使用 PowerDesigner 设计 CDM。

2.3 实 验 内 容

学生信息管理中有如下实体型:
- 学生(student),包括的属性有学号(Sno),姓名(Sname),性别(Ssex),年龄(Sage),身份证号(Sid)。
- 课程(course),包括的属性有课程号(Cno),课程名(Cname),学分(Ccredit)。
- 学院(department),包括的属性有学院编号(Dno),学院名称(Dname)。
- 教师(teacher),包括的属性有教师编号(Tno),姓名(Tname),性别(Tsex),年龄(Tage),参加工作时间(Tworktime)。

上述实体型之间存在如下联系:
- 一个学生选修多门课程,一门课程由多个学生选修。
- 一个学院有多名学生,一个学生只属于一个学院。
- 一门课程可以由多个教师讲授,一个教师可以讲授多门课程。
- 一个学院有多名教师,一个教师只属于一个学院。
- 一个学院至多有一个正院长,一个正院长只能在一个学院担任正院长职务。
- 某课程可以是其他多门课程的先修课程,一门课程至多有一门先修课程。

上述学生信息管理对应的 E-R 图如图 2-1 所示。对于图 2-1 中绘制的 E-R 图,利用 PowerDesigner 设计其 CDM。

1. 新建 CDM 模型

启动 PowerDesigner,选择 File→New Model 命令,打开图 2-2 所示的 New Model 对话框。在左侧的 Model type 列表框中选择 Conceptual Data Model(概念数据模型),然后在右

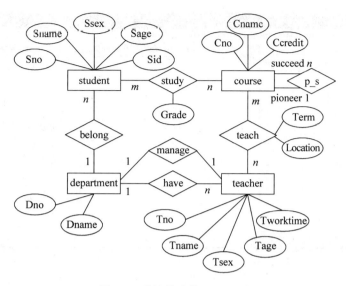

图 2-1　学生信息管理 E-R 图

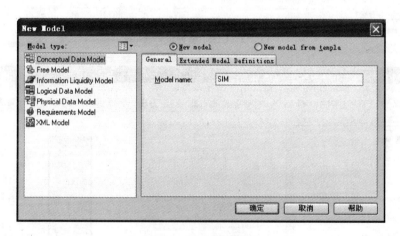

图 2-2　新建模型窗口

侧的 General 选项卡中输入模型的名称为 SIM（Student Information Manage，学生信息管理），单击"确定"按钮，进入图 2-3 所示的 CDM 模型设计窗口。

2. 创建 student 实体

单击设计元素面板上的 Entity（实体）工具，将鼠标指针指向设计区域的合适位置，单击鼠标左键，在设计区域中创建一个实体，如图 2-4 所示。

单击设计元素面板上的 Pointer（指针）工具或右击鼠标，释放 Entity 工具，进入对象编辑状态。将鼠标指针指向新建的实体并双击鼠标，则出现实体属性设置界面，如图 2-5 所示。

图 2-5 所示的实体属性设置界面包括多个选项卡，General 选项卡设置通用属性，Attributes 选项卡设置实体包含的属性，Identifiers 选项卡设置实体的码，Notes 选项卡记录备注信息，Rules 选项卡设置规则。General 和 Attributes 选项卡中的内容必须设置，其他内容可以根据需要设置。

使用 *PowerDesigner* 进行概念模型设计

8

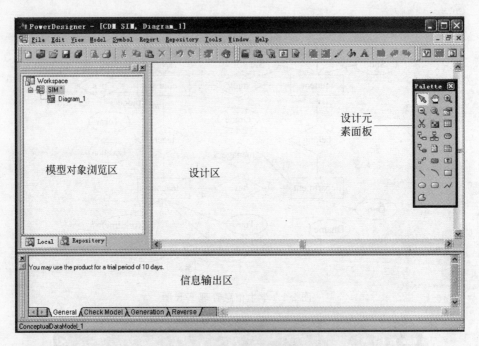

图 2-3　CDM 模型设计窗口

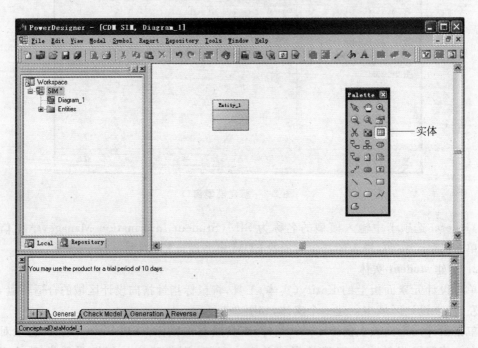

图 2-4　新建实体

　　选择 General 选项卡,设置该实体的 Name 属性为 student,Code 属性与 Name 属性一致即可。

　　选择 Attributes 选项卡,设置该实体所包含的属性,如图 2-6 所示。Name 列设置属性的名称,Code 列设置属性的代码,Data Type 列设置属性的数据类型,Domain 列设置属性

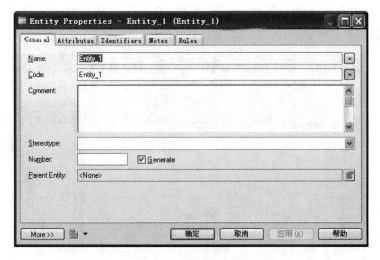

图 2-5　实体属性设置

图 2-6　设置实体 Student 所包含的属性

的域。M 和 P 列设置属性的约束。M 列设置属性是强制非空的,属性 Sname 要求强制非空。P 列设置该属性是主键中的属性,属性 Sno 设置为主键。D 列表示该属性被显示。一般在设置实体的属性时,一定要设置实体的主键,如果某个属性被设置为主键中的属性,则自动强制非空。

Name 与 Code 的区别是:Name 供显示使用,Code 是之后物理数据模型中表(或字段)的代码。

可以使用 ![icons] 根据需要加入新属性,使用 ![icons] 调整属性排列的上下位置。

属性设置结束后,单击"应用"按钮。

在图 2-6 中,选择 Identifiers 选项卡,出现图 2-7 所示的实体主、次标识符的定义界面。主标识符指主键,只能有一个;次标识符指其他候选键,可以有多个。主标识符后面的 P 为

使用 PowerDesigner 进行概念模型设计

选中状态,由于前面已经指定属性 Sno 为主键,系统会自动创建主标识符并自动命名为 Identifier_1,如图 2-7 所示。

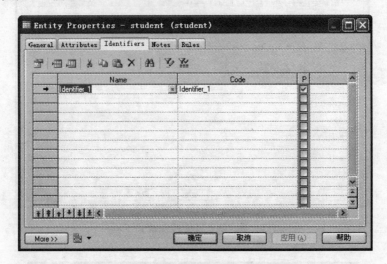

图 2-7　实体主、次标识符的定义界面

接下来设置属性 Sid 为候选键。单击工具栏上的 Add a Row(添加)按钮　，出现一行,系统自动命名为 Identifier_2,修改为 Sid_u,Name 和 Code 相同即可,单击"应用"按钮,如图 2-8 所示。

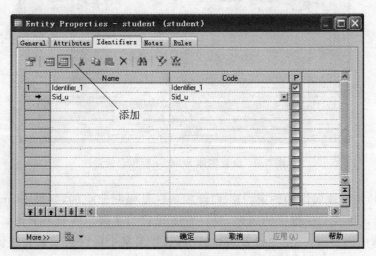

图 2-8　添加次标识符 Sid_u

选择 Sid_u(单击 Sid_u 所在行左侧的行号),然后单击工具条上的 Properties 工具,出现标识符属性设置窗口,在 General 选项卡中显示标识符的 Name 和 Code。选择 Attributes 选项卡,出现图 2-9 所示的界面,单击工具栏上的 Add Attributes 按钮,出现实体 student 的属性列表,从中选择 Sid,单击 OK 按钮,回到图 2-9 所示的界面,再单击"确定"按钮,回到图 2-8 所示界面。至此,设置属性 Sid 为候选键完毕。

接下来设置规则,要求属性 Ssex 只能取"女"或"男"。

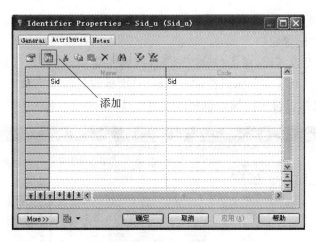

图 2-9　给标识符添加属性

在图 2-6 中，选择 Rules 选项卡，出现图 2-10 所示的界面，单击工具条上的 Create an Object(创建)工具，出现图 2-11 所示的界面。

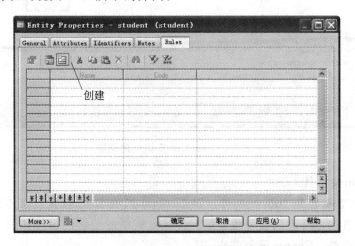

图 2-10　添加规则界面

图 2-11　输入规则内容

使用 PowerDesigner 进行概念模型设计

在 General 选项卡中输入规则名为 Ssex_r,选择 Expression 选项卡,输入规则内容,单击"确定"按钮,规则设置完毕。

回到实体属性设置界面,单击"确定"按钮,回到主窗口,在设计区显示实体 student 的详细信息,如图 2-12 所示。主标识符带有<pi>,次标识符带有<ai>,主标识符中的属性相应带有<pi>,次标识符中的属性也相应带有<ai>。

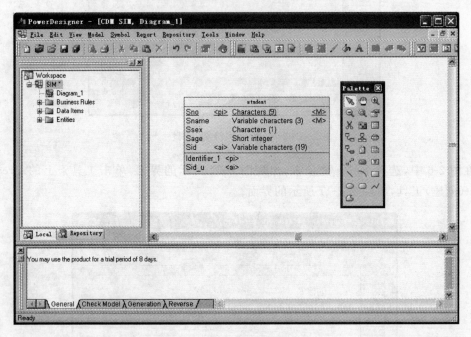

图 2-12　student 实体创建完毕

3. 创建 course 实体

按照上面的方法创建 course 实体。在 General 选项卡中,设置该实体的 Name 属性为 course,Code 属性与 Name 属性一致即可。course 实体所包含的属性如图 2-13 所示。Cno 为主键,即主标识符。Cname 强制非空。

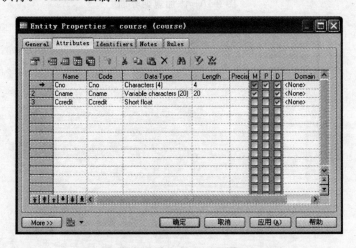

图 2-13　设置实体 course 所包含的属性

4. 创建 department 实体

按照上面的方法创建 department 实体。在 General 选项卡中，设置该实体的 Name 属性为 department，Code 属性与 Name 属性一致即可。department 实体所包含的属性如图 2-14 所示。Dno 为主键，即主标识符；Dname 为候选键，即次标识符。

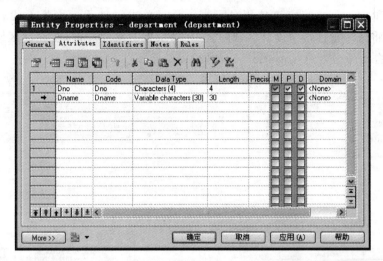

图 2-14　设置实体 department 所包含的属性并设置 Dname 为次标识符（Dname_u）

5. 创建 teacher 实体

按照上面的方法创建 teacher 实体。在 General 选项卡中，设置该实体的 Name 属性为 teacher，Code 属性与 Name 属性一致即可。teacher 实体所包含的属性如图 2-15 所示。Tno 为主键，Tname 强制非空，创建规则 Tsex_r 要求 Tsex 取值只能是"女"或"男"。

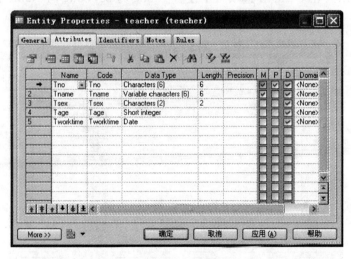

图 2-15　设置实体 teacher 所包含的属性并设置规则 Tsex_r

6. 设置 student 和 course 之间的联系

在 PowerDesigner 中，有 Association（实体间的联系）与 Relationship（实体间的关系），二者之间的区别是：前者用于 $m:n$ 联系、多个实体型之间的联系，在转换为 PDM（物理数

使用 PowerDesigner 进行概念模型设计

据模型)时对应一个表(另外,也用于自身带有属性的 $1:n$ 和 $1:1$ 联系,但在转换为 PDM 时不对应一个表,而是附加属性);后者用于不带属性的 $1:n$ 和 $1:1$ 联系,在转换为 PDM 时附加属性($1:n$ 在 n 方附加 1 方的主键,$1:1$ 由 Dominant Role 决定在其中一方附加对方的主键)。

student 和 course 之间应该使用 Association。单击设计元素面板上代表 Association 的图标 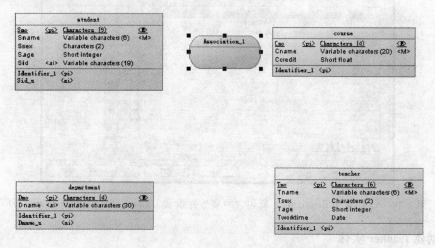,将鼠标指针指向设计区域的合适位置,单击鼠标左键,在设计区域中创建一个 Association,自动命名为 Association_1,如图 2-16 所示。

图 2-16　创建 student 和 course 之间的联系

右击鼠标,进入对象编辑状态。双击 Association_1,出现 Association_1 的属性设置界面,如图 2-17 所示。在 General 选项卡中设置 Name 为 sc,Code 与 Name 相同即可。选择 Attributes 选项卡,添加 Grade 属性。

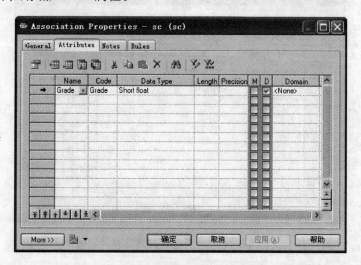

图 2-17　设置联系 sc 的属性

接下来单击设计元素面板上代表 Association Line 的图标，然后将实体 student 和联系 sc 连接起来,同样将实体 course 和联系 sc 连接起来,如图 2-18 所示。

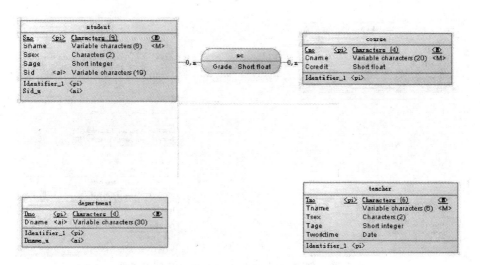

图 2-18　将实体和联系 sc 连接

7. 设置 teacher 和 course 之间的联系

参照 student 和 course 之间的联系设置 teacher 和 course 之间的联系 tc，联系自身有两个属性：Location（授课地点）和 Term（授课学期），如图 2-19 所示。

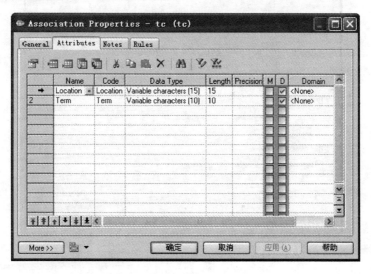

图 2-19　设置联系 tc 的属性

8. 设置 student 和 department 之间的关系

在设计元素面板上单击代表 Relationship 的图标 🔩，光标置于 department 实体，按下左键并从 department 实体拖动到 student 实体，此时在两个实体间创建了一个 Relationship，如图 2-20 所示。

右击鼠标，进入对象编辑状态。双击 student 和 department 之间的关系，出现图 2-21 所示的关系属性设置界面。在 General 选项卡中设置关系的 Name 为 ds，Code 与 Name 一致即可。在 Cardinalities 选项卡中设置关系类型和每个方向上的基数（Cardinality）。

使用 PowerDesigner 进行概念模型设计

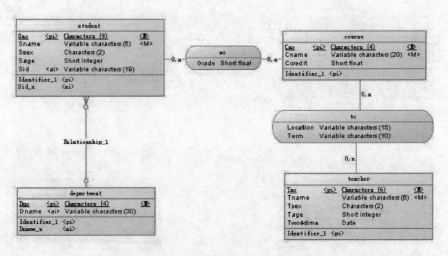

图 2-20　创建 student 和 department 之间的关系

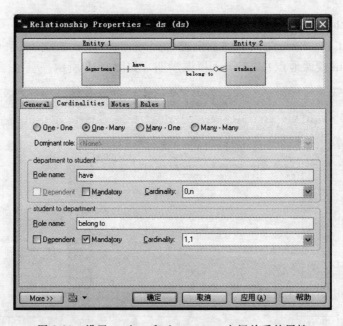

图 2-21　设置 student 和 department 之间关系的属性

　　设置关系类型为 One-Many，意思是由 Entity1 到 Entity2 为 One-Many。由于创建该关系时，鼠标是由 department 拖动到 student，因此，Entity1 指 department，Entity2 指 student。也可以在 General 选项卡中重新设置。

　　在 Cardinalities 选项卡中，关系的每个方向都包含一个选项区域，每个选项区域中包括下列属性：

- Role name：用来描述该方向关系的作用，例如在 department to student 选项区域中可以填写 have，而在 student to department 选项区域中可以填写 belong to。
- Dependent：用来表示该方向两个实体之间的依赖关系，只有子实体依赖于父实体。
- Mandatory：表示该方向具有强制特性。

- Cardinality：表示该方向关系的基数。例如，对于 department to student，基数指对于 department 中的一个院系在 student 中可能存在的最大与最小实例数。现实世界中，一个院系可以拥有多个学生，也可以没有任何学生，所以 department to student 方向的基数应选择"0,n"，不设置 Mandatory；而一个学生必须属于一个院系，并且只能属于一个院系，所以 student to department 方向的基数应选择"1,1"，设置 Mandatory。

Dominant role 只在一对一联系中才进行设置。

9. 设置 teacher 和 department 之间的关系 td_belongto

参照 student 和 department 之间的关系，创建 teacher 和 department 之间的关系 td_belongto，由 department 到 teacher 是"1：n"关系。在 General 选项卡中设置关系的 Name 为 td_belongto，Code 与 Name 一致即可。

- Role name：在 department to teacher 选项区域中可以填写 have，在 teacher to department 选项区域中可以填写 belong to。
- Cardinality：现实世界中，一个院系可以拥有多个教师，也可以没有任何教师，所以 department to teacher 方向的基数应选择"0,n"，不设置 Mandatory；而一个教师必须属于一个院系，并且只能属于一个院系，所以 teacher to department 方向的基数应选择"1,1"，设置 Mandatory，如图 2-22 所示。

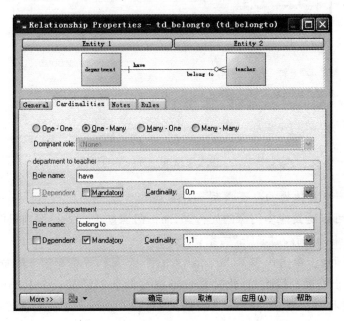

图 2-22　设置关系 td_belongto 属性

10. 设置 teacher 和 department 之间的 td_manage 关系

创建 teacher 和 department 之间的关系 td_manage，是"1：1"关系。在 General 选项卡中设置关系的 Name 为 td_manage，Code 与 Name 一致即可。

- Role name：在 department to teacher 选项区域中可以填写 managed by，在 teacher to department 选项区域中可以填写 manage。

实验 2

使用 *PowerDesigner* 进行概念模型设计

- Cardinality：现实世界中，一个院系只能而且必须有一个院长，所以 department to teacher 方向的基数应选择"1,1"，设置 Mandatory；而一个教师可以不是院长，如果是则只能担任一个院系的院长职务，所以 teacher to department 方向的基数应选择"0,1"，不设置 Mandatory。
- Dominant role：只有在一对一联系中出现，表示支配方向。所选择的支配方向在生成 PDM 时产生一个参照。例如，选择 teacher -> department，在生成 PDM 时，将在 department 表中增加 tno 属性，存储某院系的院长编号，而这个属性是 department 表的一个外键，参考 teacher 表，结合 Cardinality 中 department to teacher 方向的基数"1,1"，意味着该外键不能接受空值，如图 2-23 所示。

图 2-23　设置关系 td_manage 的属性

11. 设置 course 实体集的自反联系 course_self

假设某门课可以是其他多门课的先行课，而一门课如果有先行课则只能有一门先行课，这样 course 实体集内部存在"1：n"关系。

在设计元素面板上单击代表 Relationship 的图标 🔲，光标置于 course 实体，按下左键并在 course 实体上拖动一段距离，此时在 course 实体上创建了一个 Relationship。右击鼠标，进入对象编辑状态。双击 course 自身的关系，在 General 选项卡设置关系的 Name 为 course_self，Code 与 Name 一致即可。

- Role name：在 course to course 选项区中可以填写 pioneer，在 course to course 选项区中可以填写 succeed。
- Cardinality：现实世界中，某门课可能不是先行课，也可能是多门课的先行课，所以 course to course 方向的基数应选择"0,n"；而一门课可以没有先行课，如果有先行课则只能有一门，所以 course to course 方向的基数应选择"0,1"，如图 2-24 所示。

至此，根据图 2-1 中的 E-R 图创建 CDM 已经完成，完整的 CDM 如图 2-25 所示。

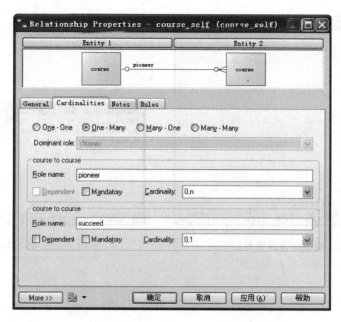

图 2-24　设置关系 course_self 的属性

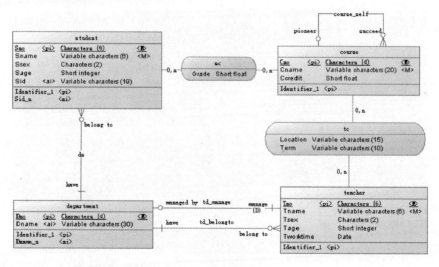

图 2-25　完整的 CDM

12. 验证 CDM 的正确性

在 PowerDesigner 的主窗体中选择 Tools→Check Model 命令,进入图 2-26 所示 Check Model Parameters(模型检查设置)界面。选择要检查的内容,单击"确定"按钮,进入图 2-27 所示的检查结果界面。检查结果包括警告和错误,警告不影响之后生成 PDM,但有错误的模型是不能生成 PDM 的。如果有错误,将鼠标指针指向错误列表中的错误并单击鼠标,可以查看发生错误的实体或数据项。

13. 保存 CDM 图

选择 File→Save 命令,保存该 CDM,也可以在之前的任何步骤保存 CDM。

使用 PowerDesigner 进行概念模型设计

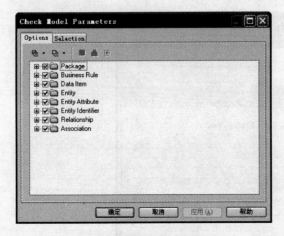

图 2-26　模型检查设置界面

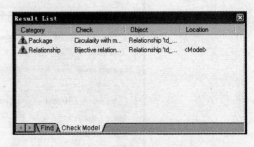

图 2-27　检查结果界面

实验 3 　 **PowerDesigner 自动生成 PDM**

3.1　目　　标

掌握使用 PowerDesigner 将 CDM 转化为 PDM 的方法。

3.2　背 景 知 识

在概念结构的基础上,选择一种合适的 DBMS 就可以进行数据库逻辑结构和物理结构的设计了。为了方便局部用户的使用,提高用户使用效率,逻辑结构设计还包括用户子模式的设计。PowerDesigner 的 PDM 可以描述逻辑结构和物理结构,进行 PDM 设计有两种方式:根据 CDM 生成 PDM,直接使用 PDM 设计元素进行设计。只要求掌握将 CDM 转化为PDM 的方法,对于直接使用 PDM 设计元素进行设计,可以参考相关资料。

3.3　实 验 内 容

1. 检查 CDM 的正确性

在 CDM 设计界面上选择 Tools→Check Model 命令,检查 CDM 的正确性,如果存在错误,请检查并更正。

2. 将 CDM 转换为 PDM

在 CDM 不存在错误(警告不影响模型转换)的情况下,可以使用将 CDM 转换为 PDM的工具进行模型转换。在 CDM 设计界面上选择 Tools→Generate Physical Data Model 命令,出现 PDM Generation Options 对话框。在 General 选项卡中,设置转换生成 PDM 的基本属性,包括使用哪种 DBMS(选择 Microsoft SQL Server 2005),要生成的 PDM 模型的Name 属性(设置为 SIM_PDM),Code 属性与 Name 属性一致即可,如图 3-1 所示。在Detail 选项卡中设置转换过程中的选项,例如转换过程中是否需要检测 CDM 模型,转换生成表时是否增加前缀,各种约束的命名规则等,如图 3-2 所示。在 Selection 选项卡中设置需要转换的实体,如图 3 3 所示。

3. 保存 PDM

PDM 如图 3-4 所示,可以查看对象浏览区,分析生成的表、商业规则、参照,选择 File→Save 命令,保存该 PDM。

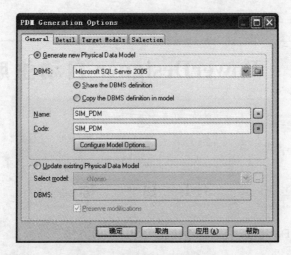

图 3-1　设置 General 选项卡

图 3-2　设置 Detail 选项卡

图 3-3　设置 Selection 选项卡

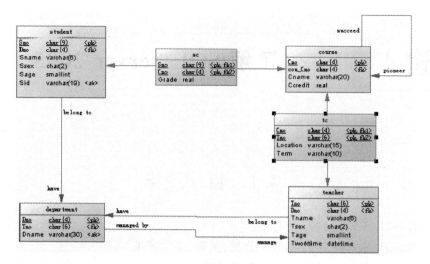

图 3-4　SIM_PDM

4. 查看 DDL 语句

在对象浏览区展开 Tables,右击 department,在弹出的快捷菜单中选择 SQL Preview 命令,将出现图 3-5 所示的界面,其中给出了在 SQL Server 2005 中创建 department 表对应的 DDL 语句。

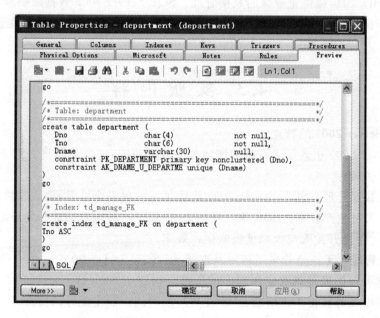

图 3-5　创建 department 表对应的 DDL 语句

PowerDesigner 自动生成 PDM

实验 4 了解 SQL Server 2005

4.1 目 标

- 了解 SQL Server 2005 的特点。
- 了解 SQL Server 2005 的版本分类、差异、安装需求。
- 了解 SQL Server 2005 的组件构成及其功能。

4.2 背 景 知 识

SQL Server 2005 是一个全面的数据库平台,使用集成的商业智能(Business Intelligence,BI)工具,提供企业级的数据管理。SQL Server 2005 数据库引擎为关系型数据和结构化数据提供更安全可靠的存储功能,可以构建和管理高可用和高性能的数据应用程序。

4.3 实 验 内 容

1. SQL Server 2005 的特点

SQL Server 2005 引入了上百种新增功能或改进功能,这些功能将有助于提高业务,体现在以下三个方面:

(1) 企业数据管理。SQL Server 2005 提供了一种更安全可靠、更高效的数据平台。

(2) 开发人员生产效率。SQL Server 2005 提供了一种端对端的开发环境,其中涵盖了多种新技术,可帮助开发人员大幅度提高生产效率。

(3) 商业智能。无论企业采用何种基础平台,SQL Server 2005 的综合分析、集成和数据迁移功能都可以扩展其现有应用程序的价值。构建于 SQL Server 2005 的 BI 解决方案使所有员工可以及时获得关键信息,从而在更短的时间内制定更好的决策。

2. 版本分类

根据适用场合、功能和规模等的不同,SQL Server 2005 可分为以下 6 个版本:

- SQL Server 学习版(或称精简版),即 SQL Server 2005 Express Edition。
- SQL Server 工作组版,即 SQL Server 2005 Workgroup Edition。
- SQL Server 开发版,即 SQL Server 2005 Developer Edition。
- SQL Server 标准版,即 SQL Server 2005 Standard Edition,是需要完整数据管理和

分析平台的中小型企业的理想选择。

- SQL Server 企业版，即 SQL Scrver 2005 Enterprise Edition，是大型企业和最复杂的数据需求的理想选择。
- SQL Server 移动版，即 SQL Server 2005 Mobile Edition。

关于 SQL Server 2005 不同版本的功能差异，请自己动手在 Internet 上搜索、对比。推荐 URL 地址：http://www.microsoft.com/china/sql/prodinfo/features/compare-features.mspx。

3. 安装需求

自己动手在 Internet 上搜索、了解各版本的系统安装需求：

- SQL Server 2005 企业版(32 位和 64 位)，其系统需求网址：
  http://www.microsoft.com/china/sql/editions/enterprise/sysreqs.mspx
- SQL Server 2005 标准版(32 位和 64 位)，其系统需求网址：
  http://www.microsoft.com/china/sql/editions/standard/sysreqs.mspx
- SQL Server 2005 开发版(32 位和 64 位)，其系统需求网址：
  http://www.microsoft.com/china/sql/editions/developer/sysreqs.mspx

根据应用程序的需要及软硬件环境，选择适合的版本。

4. 组件构成及功能

SQL Server 2005 的服务器组件及其功能如表 4-1 所示，管理工具及其功能如表 4-2 所示。

表 4-1 SQL Server 2005 服务器组件及其功能

服务器组件	说　　明
SQL Server 数据库引擎	包括用于存储、处理和保护数据的核心服务、复制、全文搜索以及用于管理关系数据和 XML 数据的工具
Analysis Services	包括用于创建和管理联机分析处理(OLAP)以及数据挖掘应用程序的工具
Reporting Services	包括用于创建、管理和部署表格报表、矩阵报表、图形报表以及自由格式报表的服务器和客户端组件。本组件还是一个可用于开发报表应用程序的可扩展平台
Notification Services	是一个平台，用于开发和部署将个性化即时信息发送给各种设备上的用户的应用程序
Integration Services	是一组图形工具和可编程对象，用于移动、复制和转换数据

表 4-2 SQL Server 2005 管理工具及其功能

管 理 工 具	说　　明
SQL Server Management Studio(SSMS)	是 SQL Server 中的新组件，这是一个用于访问、配置、管理和开发 SQL Server 的所有组件的集成环境。SSMS 将 SQL Server 早期版本中包含的企业管理器、查询分析器和分析管理器的功能组合到单一环境中，为不同层次的开发人员和管理员提供 SQL Server 访问能力
SQL Server 配置管理器	为 SQL Server 服务、服务器协议、客户端协议和客户端别名提供基本配置管理
SQL Server Profiler	提供了图形用户界面，用于监视数据库引擎实例或 Analysis Services 实例
数据库引擎优化顾问	可以协助创建索引、索引视图和分区的最佳组合

5. 获得免费或试用版本

（1）SQL Server 2005 Express Edition 中文版，下载网址：

http：//www. microsoft. com/downloads/details. aspx? displaylang ＝ zh-cn&FamilyID ＝ 220549B5-0B07-4448-8848-DCC397514B41

（2）SQL Server 2005 180 天试用版：SQL Server 2005 Enterprise Evaluation Edition 或 SQL Server 2005 Enterprise Edition 180-Day DVD Evaluation，下载网址分别为：

http：//www. microsoft. com/downloads/details. aspx? displaylang ＝ zh-cn&FamilyID ＝ 6931FA7F-C094-49A2-A050-2D07993566EC

https：//www. trysqlserver2005. com/profile. aspx

（3）SQL Server 2005 例子及样例数据库（2005.12），下载网址：

http：//www. microsoft. com/downloads/details. aspx? familyid ＝ E719ECF7-9F46-4312-AF89-6AD8702E4E6E&displaylang＝en

6. 最大容量规范

SQL Server 2005 的最大容量规范如表 4-3 所示。

表 4-3 SQL Server 2005 最大容量规范

SQL Server 2005 数据库引擎对象	SQL Server 2005（32 位）	SQL Server 2005（64 位）
批大小	65 536×网络数据包大小	65 536×网络数据包大小
每个短字符串列的字节数	8000	8000
每个 GROUP BY、ORDER BY 的字节数	8060	8060
每个索引键的字节数	900	900
每个外键的字节数	900	900
每个主键的字节数	900	900
每行的字节数	8060	8060
存储过程源文本中的字节数	批处理大小中的较小者或 250 MB	批处理大小中的较小者或 250 MB
每个 varchar(max)、varbinary(max)、xml、text 或 image 列的字节数	$2^{31}-1$	$2^{31}-1$
每个 ntext 或 nvarchar(max) 列的字符数	$2^{30}-1$	$2^{30}-1$
每个数据表的聚集索引数	1	1
GROUP BY、ORDER BY 中的列数	仅受字节数限制	仅受字节数限制
GROUP BY WITH CUBE 或 WITH ROLLUP 语句中的列数或表达式数目	10	10
每个索引键的列数	16	16
每个外键的列数	16	16
每个主键的列数	16	16
每个基础数据表的列数	1024	1024
每个 SELECT 语句的列数	4096	4096
每个 INSERT 语句的列数	1024	1024
每个客户端的连接个数	已配置连接的最大值	已配置连接的最大值
数据库大小	1 048 516TB	1 048 516TB

SQL Server 2005 数据库引擎对象	SQL Server 2005（32 位）	SQL Server 2005（64 位）
每个 SQL Server 实例的数据库个数	32 767	32 767
每个数据库的文件组个数	32 767	32 767
每个数据库的文件个数	32 767	32 767
文件大小（数据）	16TB	16TB
文件大小（日志）	2TB	2TB
每个表的外键表引用数	253	253
标识符长度（以字符计）	128	128
每台计算机的实例数	50/25/16	50/25
包含 SQL 语句的字符串的长度	65 536×网络数据包大小	65 536×网络数据包大小
每个连接的锁数	每个服务器的最大锁数	每个服务器的最大锁数
每个 SQL Server 实例的锁数	最多 2 147 483 647	仅受内存限制
嵌套存储过程级别数	32	32
嵌套子查询个数	32	32
嵌套触发器层数	32	32
每个数据表的非聚集索引个数	249	249
每个存储过程的参数个数	2100	2100
每个用户定义函数的参数个数	2100	2100
每个数据表的 REFERENCE 个数	253	253
每个数据表的行数	受可用存储空间限制	受可用存储空间限制
每个数据库的表数	受数据库中对象数限制	受数据库中对象数限制
每个分区表或索引的分区数	1000	1000
非索引列的统计信息条数	2000	2000
每个 SELECT 语句的表个数	256	256
每个表的触发器个数	受数据库中对象数限制	受数据库中对象数限制
每个数据表的 UNIQUE 索引个数或约束个数	249 个非聚集索引和 1 个聚集索引	249 个非聚集索引和 1 个聚集索引
XML 索引	249	249

27

实
验
4

了解 SQL Server 2005

实验 5　安装 SQL Server 2005

5.1　目　　标

能够根据企业或个人的需求配置软硬件环境、安装适合的版本。

5.2　背 景 知 识

SQL Server 2005 安装向导基于 Microsoft Windows 安装程序提供所有 SQL Server 2005 组件的安装功能，能完成 SQL Server Database Engine、Analysis Services、Reporting Services、Notification Services、Integration Services、管理工具、文档和示例等的安装任务。根据应用程序的需要，安装要求可能有很大不同。SQL Server 2005 的不同版本能够满足企业和个人独特的性能以及价格要求。需要安装哪些 SQL Server 2005 组件也要根据企业或个人的需求而定。

5.3　实 验 内 容

1. 确定安装版本

根据应用程序的需要及软硬件环境，选择适合的版本。建议安装标准版或企业版。

2. 明确系统要求

SQL Server 2005(32 位)系统的最低要求如表 5-1 所示。

表 5-1　SQL Server 2005(32 位)系统最低要求

种　类	需　求
处理器	500 MHz 或更快处理器(推荐 1GHz 或更快)
操作系统	SQL Server 2005 企业版和标准版可在以下操作系统上运行： 　Windows Server 2003,标准版/Windows Server 2003,企业版 　Windows Server 2003,Datacenter Edition/Windows Small Business Server 2003 标准版 　Windows Small Business Server 2003 Premium Edition 　Windows 2000 Server/Windows 2000 Advanced Server/Windows 2000 Datacenter Server SQL Server 2005 Evaluation Edition 和工作组版可在以上列出的任意操作系统的标准版和企业版上运行,此外还包括以下操作系统：

种 类	需 求
操作系统	Windows XP Professional/Windows XP Media Edition Windows XP Tablet Edition/Windows 2000 Professional SQL Server 2005 开发版和学习版可在以上列出的任意操作系统上运行,此外还包括以下操作系统: Windows XP Home Edition/Windows Server 2003 Web Edition4(仅限于 Express)
内存	企业版:512MB(推荐 1GB 或更高) 标准版:512MB(推荐 1GB 或更高) 工作组版:512MB(推荐 1GB 或更高,最多 3GB) Evaluation Edition:512MB(推荐 1GB 或更高) 开发版:512MB(推荐 1GB 或更高) 学习版:128MB(推荐 512MB 或更高,最多 1GB)

3. 确定安装组件

需要安装 SQL Server 数据库引擎。

4. 准备安装 SQL Server 2005

在安装 SQL Server 2005 之前,请查看下列信息:

(1) 确保该计算机符合 SQL Server 2005 的系统要求。

(2) 阅读安装 SQL Server 的安全注意事项。

(3) 安装程序包括安装前检查,用于确定在安装的计算机上不予支持的配置,并指导用户解决遇到的问题。

(4) 确保在将要安装 SQL Server 的计算机上拥有管理员权限。

(5) 如果在运行 Windows XP 或 Windows 2003 的计算机上安装 SQL Server 2005,并且要求 SQL Server 2005 与其他客户端和服务器通信,需要创建一个或多个域用户账户。

(6) 不要在域控制器上安装 SQL Server 2005。

(7) 不要将 SQL Server 安装到压缩驱动器。

(8) 安装 SQL Server 时,暂时退出防病毒软件。

(9) 停止依赖于 SQL Server 的所有服务,包括所有使用开放式数据库连接的服务,如 Internet 信息服务(IIS)。退出事件查看器和注册表编辑器(Regedit. exe 或 Regedt32. exe)。

(10) 检查所有 SQL Server 安装选项,并准备在运行安装程序时作适当选择。

5. 安装 SQL Server 2005 图解

安装 Microsoft SQL Server 2005 Standard Edition。SQL Server 2005 的安装光盘共有两张,先运行第一张,单击"服务器组件、工具、联机丛书和示例"链接,安装图解如图 5-1~图 5-14 所示。

注意:图 5-5 所示的系统配置检查很重要,如果有错误,则先要对错误进行处理。

注意:同一台计算机上可以安装、运行多个 SQL Server 实例,第一次安装的实例可以选择"默认实例",其他都是"命名实例"。

图 5-1　安装开始界面

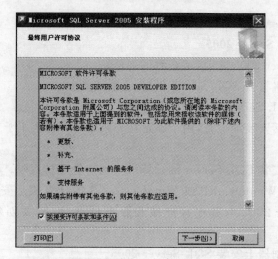

图 5-2　最终用户许可协议

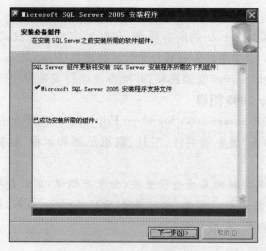

图 5-3　安装所需的软件组件

图 5-4 安装向导

图 5-5 检查是否有潜在的安装问题

实
验
5

安装 *SQL Server 2005*

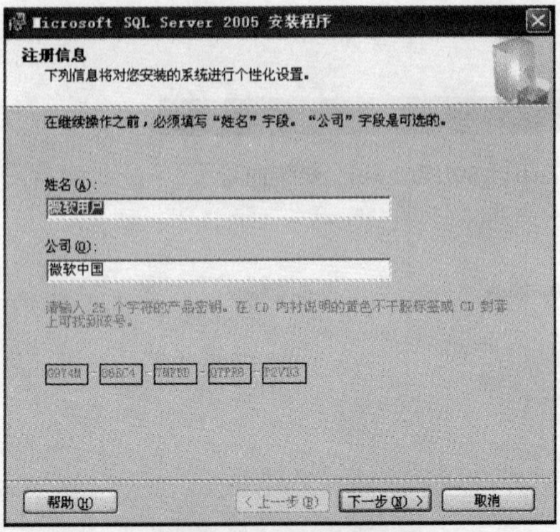

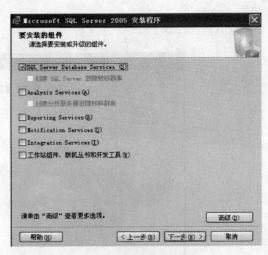

图 5-6　填写注册信息　　　　　　　　　　图 5-7　选择要安装的组件

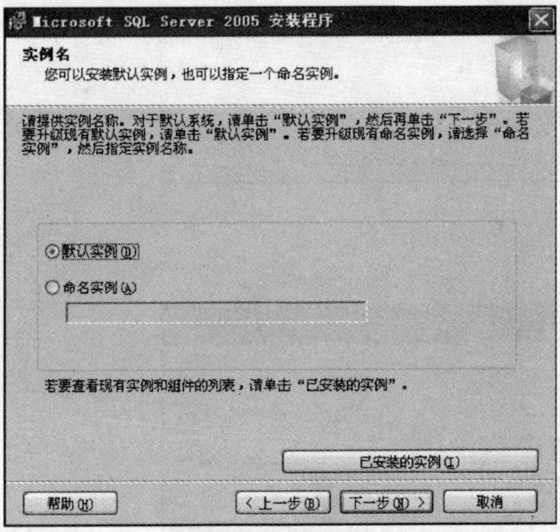

图 5-8　设置实例名 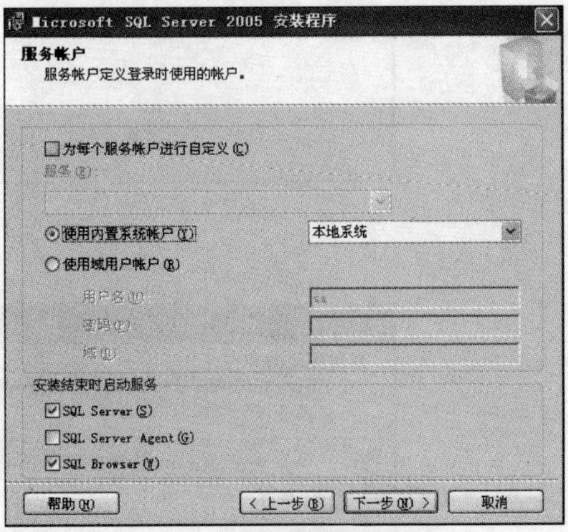　　　　　　　　　　图 5-9　设置服务账户

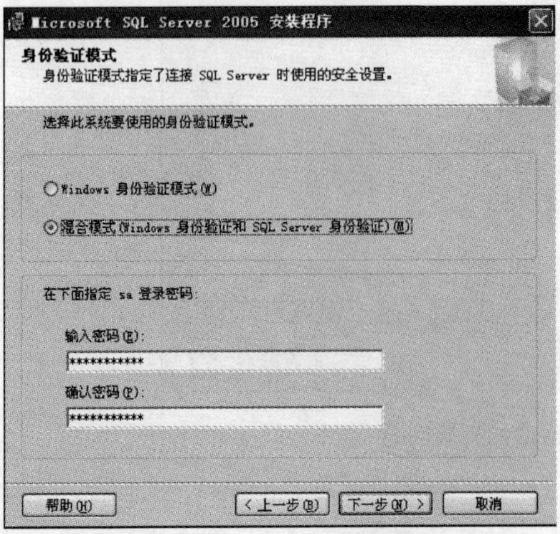

图 5-10　设置身份验证模式 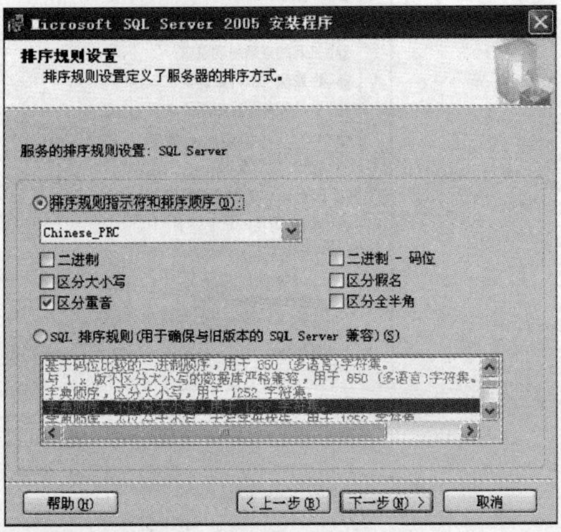　　　　　　　图 5-11　设置排序规则

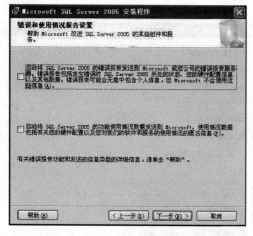

图 5-12　设置错误和使用情况报告

图 5-13　准备安装

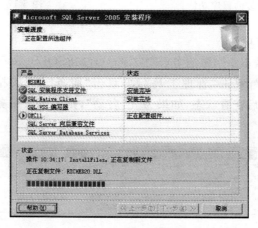

图 5-14　安装进度

上面的安装顺利完成后,服务器组件已成功安装。接下来运行 SQL Server 2005 的第二张安装光盘,单击"仅工具、联机丛书和示例"链接,安装工具、联机丛书和示例。安装图解如图 5-15～图 5-17 所示。

图 5-15　安装开始界面

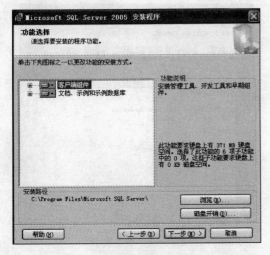

图 5-16　选择要安装的程序功能

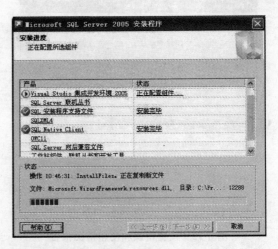

图 5-17　安装进行中

6. 验证是否安装成功

检查 SQL Server 数据库引擎服务(SQL Server(MSSQLSERVER))是否存在并且正在运行。打开"控制面板",双击"管理工具",再双击"服务",查找相应的服务 SQL Server(MSSQLSERVER),然后查看状态,如果为"已启动",则数据库服务器安装成功并已运行,如图 5-18 所示。

图 5-18　SQL Server 相关服务

说明:本教程实验与课程设计案例所使用的 SQL Server 数据库服务器名称为 WIN2K3。

7. 更改、卸载 SQL Server 2005

使用"控制面板"→"添加或删除程序"命令更改或卸载 SQL Server 2005。

实验 6

SQL Server 2005 的主要组件及其初步应用

6.1 目 标

- 认识安装后的 SQL Server 2005。
- 初步使用 SQL Server Management Studio 管理数据库。
- 掌握 SQL Server 联机丛书的使用。

6.2 背 景 知 识

SQL Server 2005 包括一组完整的图形工具和命令行实用工具,有助于用户、程序员和管理员提高工作效率。

6.3 实 验 内 容

1. 认识安装后的 SQL Server 2005

安装后的 SQL Server 2005 程序菜单情况如图 6-1 所示。

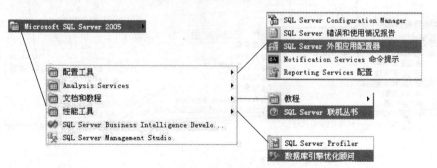

图 6-1 SQL Server 2005 程序菜单

2. 使用 SQL Server Management Studio 管理数据库

单击"开始"→"程序"→ Microsoft SQL Server 2005 命令,然后单击 SQL Server Management Studio,出现展示屏幕,接着打开 Management Studio 窗体并弹出"连接到服务器"对话框,如图 6-2 所示。在"连接到服务器"对话框中,以表 6-1 为准设置相应的值,然后单击"连接"按钮,连接服务器成功后,出现图 6-3 所示的主窗口。

图 6-2　设置连接信息

表 6-1　"连接到服务器"对话框中连接信息设置

属　　性	值
服务器类型	数据库引擎
服务器名称	WIN2K3(根据服务器情况而定)
身份验证	Windows 身份验证

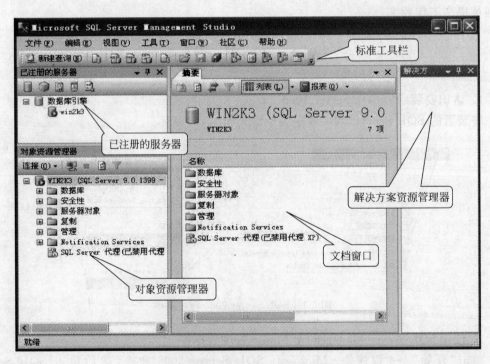

图 6-3　SQL Server Management Studio 的窗体布局

　　"已注册的服务器"窗口列出的是经常管理的服务器。可以在此列表中添加和删除服务器。
　　对象资源管理器是服务器中所有数据库对象的树视图。对象资源管理器包括与其连接
的所有服务器的信息。打开 Management Studio 时,系统会提示将对象资源管理器连接到

上次使用的设置。可以在"已注册的服务器"组件中双击任意服务器进行连接或在任意服务器上右击,在弹出的快捷菜单中选择"连接"→"对象资源管理器"命令,要连接的服务器是无须再注册的。

文档窗口是 Management Studio 中的最大部分。文档窗口可能包含查询编辑器和浏览器窗口。默认情况下,将显示当前计算机连接上的数据库引擎实例的"摘要"页。

在文档窗口右击鼠标,在弹出的快捷菜单中选择"新建查询"命令,则打开"查询编辑器"窗口,并自动增加 SQL 编辑器工具栏,如图 6-4 所示。打开的"查询编辑器"窗口的功能对应于 SQL Server 2000 的查询分析器所具有的功能。由此可见,Management Studio 集 SQL Server 2000 的企业管理器、查询分析器和服务管理器等功能于一体,是个集成管理器。

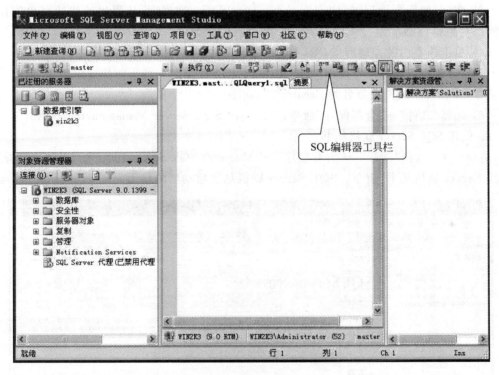

图 6-4　新建查询的窗体布局

3. 使用对象资源管理器

在"对象资源管理器"中,展开每个分支并留意其包含的内容。依次展开"数据库"、AdventureWorks、"表"、HumanResources. Department 和"列",查看该表的列列表。

4. 打开表并查看数据

右击 HumanResources. Department,在弹出的快捷菜单中选择"打开表"命令,查看该表的数据,然后关闭。

5. 使用动态帮助

在"帮助"菜单中选择"动态帮助"命令。右击 HumanResources. Department,在弹出的快捷菜单中选择"修改"命令。注意,动态帮助会随当时的任务不同而不同。关闭"表-HumanResources. Department"窗口和"动态帮助"窗口。

SQL Server 2005 的主要组件及其初步应用

6. 新建查询

在"对象资源管理器"中单击 AdventureWorks,在工具栏上单击"新建查询"按钮。在该查询窗口中输入 SQL 语句"SELECT * FROM HumanResources. Department",单击工具栏上的"执行"按钮并查看结果。关闭该查询窗口,不保存该查询。

7. 新建项目

(1) 选择"文件"→"新建"→"项目"命令,在 D:\SQLDemo 中创建一个名为 DemoPro 的 SQL Server 脚本项目,取消对"创建解决方案的目录"复选框的勾选,然后单击"确定"按钮。

(2) 选择"项目"→"新建查询"命令,出现提示时,连接到 WIN2K3(根据服务器情况而定)。

(3) 在"对象资源管理器"中右击 AdventureWorks 数据库,从弹出的快捷菜单中依次选择"编写数据库脚本为"、"CREATE 到"和"剪贴板"命令。

(4) 单击该空白的查询窗口,然后选择"编辑"→"粘贴"命令。

(5) 在"解决方案资源管理器"中右击 SQLQuery1. sql,在弹出的快捷菜单中选择"重命名"命令,将该脚本文件重命名为 CreateAW. sql。

(6) 选择"文件"→"全部保存"命令,然后关闭 SQL Server Management Studio。

8. 使用 SQL Server 联机丛书

启动方法:选择"开始"→"所有程序"→"Microsoft SQL Server 2005"→"文档和教程"→"SQL Server 联机丛书"命令。SQL Server 联机丛书启动后的界面如图 6-5 所示。

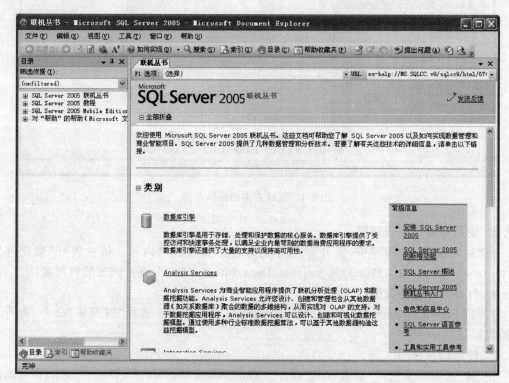

图 6-5 联机丛书

SQL Server 2005 帮助的搜索功能除了可以搜索联机丛书外,还可以搜索网站。如果启用该功能,就可以搜索所有 MSDN Online 以及着重于 SQL Server 的社区站点。可以通过搜索页面的"帮助选项"链接或 Management Studio 选项页面,配置搜索引擎应访问的站点。

在 Management Studio 中打开 SQL Server 联机丛书时,联机丛书可作为内部文档窗口打开,也能在一个单独的文档窗口中打开,这时该窗口仍与 Management Studio 相关联,它可以对一些 Management Studio 操作做出响应,当关闭 Management Studio 时,也会关闭联机丛书。

(1) 在单独窗口中启动联机丛书。

默认情况下,"帮助"窗口和"联机丛书"文档窗口会在 Management Studio 的外部显示。打开 Management Studio 的"帮助"菜单,选择"目录"菜单项,系统将打开一个新的窗口,并显示联机丛书的目录,使用帮助系统,接着关闭联机丛书。

(2) 以内部文档窗口的方式启动联机丛书。

打开 Management Studio 的"工具"菜单,选择"选项"菜单项,在"选项"对话框中依次展开"环境"和"帮助",再选择"常规"选项卡,在右侧"使用下列选项显示帮助"下拉列表中选择"集成帮助查看器"选项,再单击"确定"按钮,关闭并重新启动 Management Studio,打开 Management Studio 的"帮助"菜单,选择"目录"菜单项,现在系统将在 Management Studio 内部打开联机丛书的目录。

实验 7　由 PDM 自动创建数据库

7.1　目　　标

掌握使用 PowerDesigner 由 PDM 自动创建数据库中的对象。

7.2　背 景 知 识

根据 CDM 生成 PDM 后，可以连接数据库并自动创建数据库中的对象，从而提高工作效率。

7.3　实 验 内 容

1. 检查 PDM 的正确性

打开实验 3 生成的物理数据模型 SIM_PDM，在 PDM 设计界面上选择 Tools→Check Model 命令，检查 PDM 的正确性，发现存在一个错误，如图 7-1 所示。

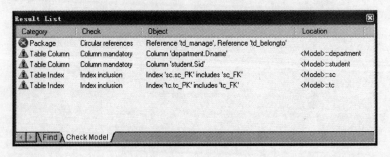

图 7-1　检查结果列表

产生这个错误是因为 Department 和 Teacher 之间存在相互参照，这种情况下，可以先删除一个参照，例如删除参照 td_manage，自动创建成功后，再在数据库中重新添加。

删除参照 td_manage 后，再检查 PDM 的正确性，发现仍然存在一个错误，如图 7-2 所示。

产生这个错误是因为删除参照 td_manage 时，没有自动删除与之相关的索引 td_manage_FK。在对象浏览区依次展开 Tables、Department、Indexes，单击其中的 td_manage_FK，再单击工具栏上的删除按钮将其删除。接下来再检查 PDM 的正确性时，则不存在错误了。

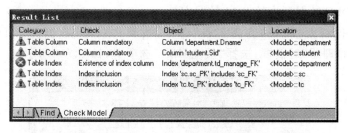

图 7-2 删除参照关系 td_manage 后的检查结果列表

2. 修改参照的实现方式

在对象浏览区展开 References,可以看到 7 个参照,为了自动创建参照对应的外键,需要做一些设置。以参照 ds 为例,右击 ds,在弹出的快捷菜单中选择 Properties 命令,出现参照属性设置窗口,选择 Integrity 选项卡,可以看到外键约束 FK_STUDENT_DS_DEPARTME 的实现方式,在 Update constraint 选项区域中选择 None 单选按钮,在 Delete constraint 选项区域中选择 None 单选按钮,接下来设置 Implementation 为 Declarative,单击"确定"按钮,如图 7-3 所示。

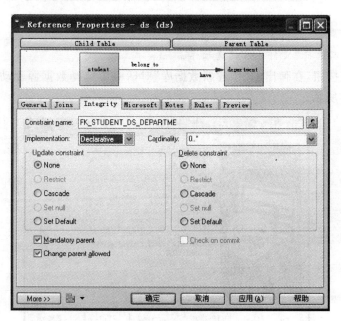

图 7-3 修改参照 ds 的实现方式

对于其他几个参照,也做同样的处理。

3. 修改商业规则的实现方式

在对象浏览区展开 Business Rules,可以看到两个商业规则,右击 Ssex_r,从弹出的快捷菜单中选择 Properties 命令,出现商业规则属性设置窗口,在 General 选项卡中设置 Type 为 Constraint,单击"确定"按钮。对 Tsex_r 做同样处理。

4. 创建 SIM 数据库

使用 SQL Server 2005 的 Management Studio 创建一个数据库,数据库名称为 SIM。

5. 创建 ODBC 数据源连接 SIM 数据库

依次选择"控制面板"→"管理工具"命令,找到并双击"数据源(ODBC)"选项,出现"ODBC 数据源管理器"对话框,选择"系统 DSN"选项卡,如图.7-4 所示。

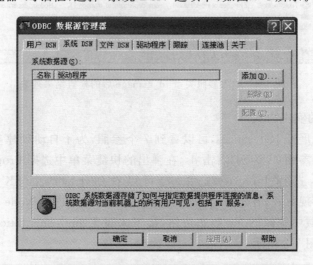

图 7-4 "ODBC 数据源管理器"对话框

说明: 也可以选择"文件 DSN"选项卡。

单击"添加"按钮,在弹出的"创建新数据库"对话框中选择数据源驱动程序类型为 SQL Server,如图 7-5 所示。

图 7-5 选择数据源驱动程序类型

在图 7-5 中单击"完成"按钮,出现图 7-6 所示对话框,将数据源命名为 tosim,设置数据库服务器为 WIN2K3(也可以是 SQL Server 服务器的 IP 地址),然后单击"下一步"按钮。

接下来出现图 7-7 所示对话框,进行 SQL Server 身份验证设置,选择"使用用户输入登录 ID 和密码的 SQL Server 验证"单选按钮,在下方输入登录 ID 和密码,单击"下一步"按钮。

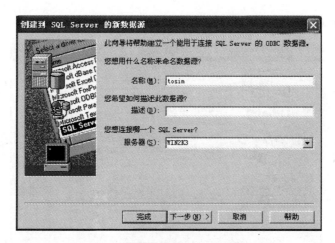

图 7-6　设置数据源名称以及服务器

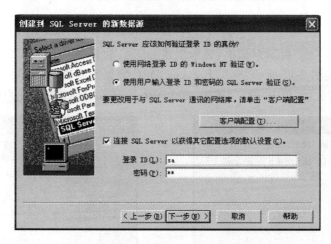

图 7-7　设置 SQL Server 身份验证方式

下面将出现图 7-8 所示对话框,设置数据库,选中"更改默认的数据库为:"复选框,然后在下拉列表中选择 SIM 数据库,单击"下一步"按钮。

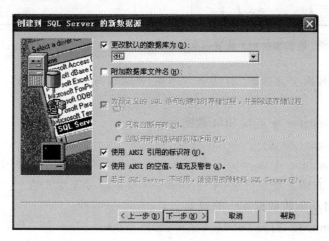

图 7-8　设置数据库

在图 7-9 所示对话框中采用默认设置即可,单击"下一步"按钮。

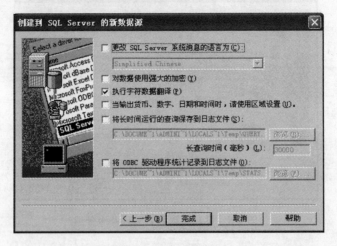

图 7-9 其他设置

接下来出现图 7-10 所示对话框,显示创建 ODBC 数据源的相关配置信息。单击"测试数据源"按钮,出现图 7-11 所示"SQL Server ODBC 数据源测试"对话框,如果能连接到 SIM 数据库则显示测试成功,单击"确定"按钮,再在图 7-10 所示对话框中单击"确定"按钮即可。

图 7-10 创建 ODBC 数据源的相关配置信息

图 7-11 测试结果

回到"ODBC 数据源管理器"对话框,在"系统 DSN"选项卡中出现了 tosim 数据源,如图 7-12 所示。

6. 在 PowerDesigner 中连接 SIM 数据库

在 PowerDesigner 中,打开 Database 菜单,选择 Connect 菜单项,出现图 7-13 所示对话框,选中 ODBC machine data source 单选按钮,并在下面的下拉列表中选择 tosim(SQL Server)选项,在下方输入登录信息,单击 Connect 按钮即可连接成功。

7. 由 PDM 自动创建数据库中的对象

在 PowerDesigner 中,打开 Database 菜单,选择 Generate Database 菜单项,出现图 7-14 所示窗口。在 General 选项卡中,将 Generation type 设置为 Direct generation,其他采用默认

图 7-12　成功创建数据源 tosim

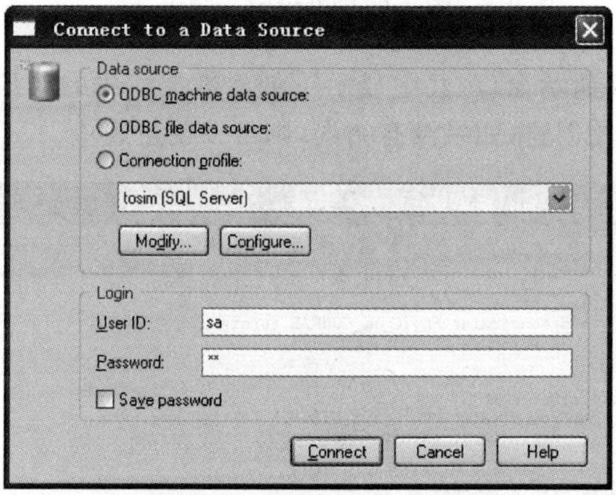

图 7-13　连接到 SIM 数据库

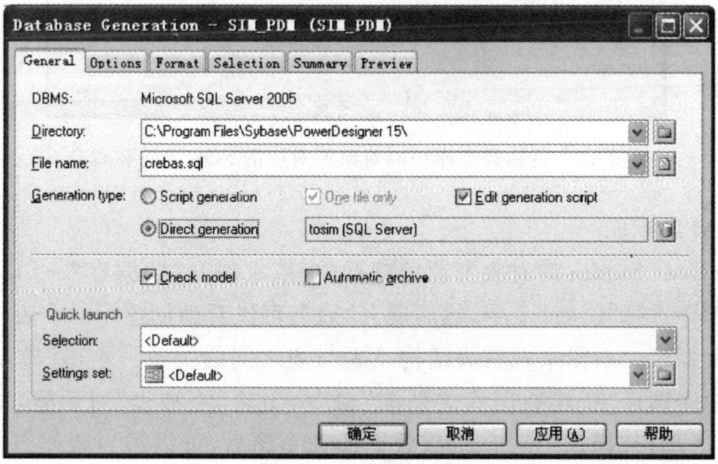

图 7-14　General 选项卡

由 PDM 自动创建数据库

设置即可。选择 Options 选项卡,出现图 7-15 所示窗口,取消对 Trigger 复选框的勾选,单击"确定"按钮。

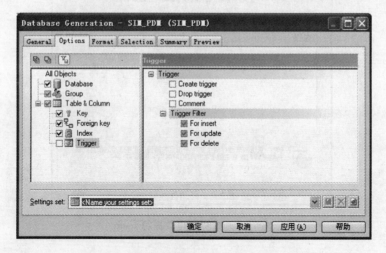

图 7-15　Options 选项卡

接下来出现图 7-16 所示窗口,其中显示了创建数据库中的对象所对应的 SQL 语句和命令,单击 Run 按钮开始创建,如果没有错误,则可以创建成功。

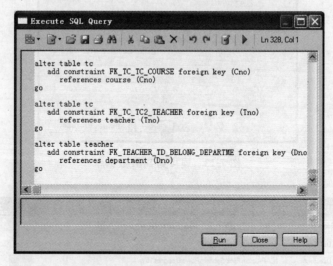

图 7-16　创建数据库中的对象所对应的 SQL 语句和命令

8. 查看 SIM 数据库

在 Management Studio 的对象资源管理器中,依次展开"数据库"→SIM,右击"表",从弹出的快捷菜单中选择"刷新"命令,然后展开"表",可以看到创建了 6 个表。

可以创建数据库关系图来观察表结构及表与表之间的关系。右击"数据库关系图",从弹出的快捷菜单中选择"新建数据库关系图"命令,出现"添加表"对话框,如图 7-17 所示。选中全部表,然后单击"添加"按钮,生成数据库关系图后,可以适当调整布局,如图 7-18 所示,请仔细分析该数据库关系图。给新建的数据库关系图命名为 Full 并保存。

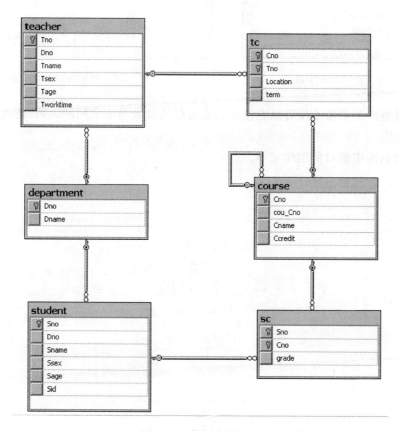

图 7-17 "添加表"对话框

图 7-18 数据库关系图

9. 创建参照完整性

右击图 7-18 所示数据库关系图中的 Department 表,从弹出的快捷菜单中选择"表视图"→"标准",则出现表设计窗口,添加 Tno 字段,类型为 char(6),如图 7-19 所示。再右击 Department 表,从弹出的快捷菜单中选择"表视图"→"列名"命令,然后保存数据库关系图,则新增字段生效。

由 PDM 自动创建数据库

接下来将 Tno 设置为 Department 的外键：选中 Department 表的 Tno，按下左键并拖动到 Teacher 表，出现图 7-20 所示参照完整性设置窗口，确认主键表、外键表以及外键，单击"确定"按钮，再单击"确定"按钮，观察数据库关系图的变化，保存关系图以使修改生效。对于主键表更新和删除所采取的策略，可根据需求进行设定。

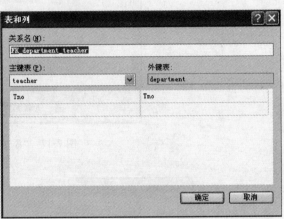

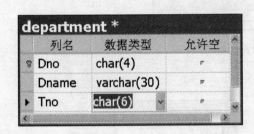

图 7-19　添加 Tno 字段　　　　　　图 7-20　参照完整性设置窗口

可见，数据库关系图不仅可以方便地查看表结构及表与表之间的关系，还可以方便地修改数据库模式。

至此，数据库中的对象创建完毕。

实验 8 创建数据库

8.1 目 标

- 使用 SQL Server Management Studio 创建数据库。
- 使用 Transact-SQL 创建数据库。

8.2 背 景 知 识

数据库文件包括主文件、辅助文件和事务日志文件。数据库大小的选项包括数据文件初始大小、日志文件初始大小和文件增长。为了避免数据读写时对磁盘的争抢,最好不要将数据文件置于包含了操作系统文件的磁盘中。明确能够创建数据库的用户必须是系统管理员,或是被授权使用 CREATE DATABASE 语句的用户。了解用 SQL 语句创建和删除数据库的基本语法。

8.3 实 验 内 容

8.3.1 使用 SQL Server Management Studio 创建数据库

（1）在桌面上选择“开始”→“程序”→Microsoft SQL Server 2005→SQL Server Management Studio 命令,弹出“连接到服务器”对话框。

（2）在“连接到服务器”对话框中,按表 8-1 中的指定值进行设置,然后单击“连接”按钮,如图 8-1 所示。

表 8-1 “连接到服务器”对话框中连接信息设置

属 性	值
服务器类型	数据库引擎
服务器名称	WIN2K3（根据服务器情况而定）
身份验证	Windows 身份验证

（3）如果“对象资源管理器”不可见,则选择“视图”→“对象资源管理器”命令。

（4）在“对象资源管理器”中右击“数据库”,然后从弹出的快捷菜单中选择“新建数据库”命令。

（5）在打开的“新建数据库”对话框中,输入表 8-2 中的详细信息。

图 8-1　设置连接信息

表 8-2　新建数据库

属　性	值　数	属　性	值　数
数据库名称	stu	stu 的初始大小	20

（6）在 stu 条目的"自动增长"列中，单击省略号按钮（…）。

（7）在"更改 stu 的自动增长设置"对话框中，取消对"启用自动增长"复选框的勾选，然后单击"确定"按钮。

（8）将 stu_log 条目的"初始大小"设置更改为 5 MB。

（9）在 stu_log 条目的"自动增长"列中，单击省略号按钮（…）。

（10）在"更改 stu_log 的自动增长设置"对话框中，取消对"启用自动增长"复选框的勾选，然后单击"确定"按钮。

（11）在"新建数据库"对话框中，单击"确定"按钮创建数据库。

（12）在对象资源管理器中，展开"数据库"文件夹确认 stu 已经创建。如果 stu 未列出，则右击"数据库"文件夹，然后从弹出的快捷菜单中选择"刷新"命令。

（13）使 SQL Server Management Studio 保持打开状态，将在下一个过程中用到它。

8.3.2　使用 SQL Server Management Studio 修改数据库

（1）在"对象资源管理器"中，右击要修改的数据库，然后从弹出的快捷菜单中选择"属性"命令。

（2）在"数据库属性"对话框中，选择不同的选项卡可以对数据库属性进行修改设置。

（3）单击"确定"按钮保存修改设置。

8.3.3　使用 SQL Server Management Studio 删除数据库

（1）在"对象资源管理器"中，右击要删除的数据库，然后从弹出的快捷菜单中选择"删除"命令。

（2）单击"确定"按钮确认删除数据库。

注意：选中"关闭现有连接"复选框。

8.3.4 使用 Transact-SQL 创建数据库

(1) 在 SQL Server Management Studio 中,单击工具栏上的"新建查询"按钮。

(2) 在新的空白查询窗口中输入以下 Transact-SQL 代码(每个 FILENAME 参数应在一行中)。

```
CREATE DATABASE T_stu ON (NAME = 'T_stu',
FILENAME = 'C:\Program Files\Microsoft SQL Server\MSSQL.1\MSSQL\DATA\T_stu.mdf',
SIZE = 20 MB,
FILEGROWTH = 0)
LOG ON (NAME = 'T_stu_Log',
FILENAME = 'C:\Program Files\Microsoft SQL Server\MSSQL.1\MSSQL\DATA\T_stu_Log.ldf',
SIZE = 5 MB,
FILEGROWTH = 0)
```

(3) 单击工具栏上的"执行"按钮。

(4) 该命令成功完成之后,右击"对象资源管理器"中的"数据库"文件夹,然后从弹出的快捷菜单中选择"刷新"命令,确认 T_stu 数据库已创建好。

(5) 关闭 SQL Server Management Studio。如果提示保存文件,则单击"否"按钮。

8.3.5 使用 Transact-SQL 删除数据库

(1) 在新的空白查询窗口中输入以下 Transact-SQL 代码。

```
DROP DATABASE T_stu
```

(2) 单击工具栏上的"执行"按钮。

(3) 该命令成功完成之后,右击"对象资源管理器"中的"数据库"文件夹,然后从弹出的快捷菜单中选择"刷新"命令,确认 T_stu 数据库已删除。

8.4 拓 展 练 习

设有一学籍管理系统,其数据库名为 educ,初始大小为 10MB,最大为 50MB,数据库自动增长,增长方式是按 5%比例增长;日志文件初始为 2MB,最大可增长到 5MB,按 1MB 增长。数据库的逻辑文件名为 educ_data,物理文件名为 educ_data.mdf,存放路径为 E:\sql_data。日志文件的逻辑文件名为 educ_log,物理文件名为 educ_log.ldf,存放路径为 E:\sql_data。

(1) 使用 SQL Server Management Studio(SSMS)创建上述描述的数据库。

(2) 使用 SSMS 删除上面建立的数据库。

使用 Transact-SQL 删除上面建立的数据库。

实验 9 | 创建架构

9.1 目　　标

- 使用 SQL Server Management Studio 创建架构。
- 使用 Transact-SQL 创建架构。

9.2　背　景　知　识

　　架构是单个用户所拥有的数据库对象的集合,这些对象形成单个命名空间。命名空间是一组名称不重复的对象。例如,只有当两个表位于不同的架构中时才可以具有相同的名称。数据库对象(例如表)由架构所拥有,而架构由数据库用户或角色所拥有。用户始终拥有一个默认架构,可以使用 CREATE USER 和 ALTER USER 的 DEFAULT_SCHEMA 选项设置和更改默认架构。如果未定义 DEFAULT_SCHEMA,则数据库用户将把 DBO 作为其默认架构。确定已完成实验 8,成功创建了数据库 stu 和 T_stu。

9.3　实　验　内　容

9.3.1　使用 SQL Server Management Studio 创建架构

　　(1) 在桌面上选择"开始"→"程序"→Microsoft SQL Server 2005→SQL Server Management Studio 命令,弹出"连接到服务器"对话框。

　　(2) 在"连接到服务器"对话框中,按表 9-1 中的指定值进行设置,然后单击"连接"按钮,如图 9-1 所示。

表 9-1　"连接到服务器"对话框中连接信息设置

属　　性	值
服务器类型	数据库引擎
服务器名称	WIN2K3(根据服务器情况而定)
身份验证	Windows 身份验证

　　(3) 如果"对象资源管理器"不可见,则选择"视图"→"对象资源管理器"命令。

　　(4) 在"对象资源管理器"中,依次展开"数据库"、stu 和"安全性"。

　　(5) 右击"架构",然后从弹出的快捷菜单中选择"新建架构"命令。

图 9-1　设置连接信息

（6）在"架构-新建"对话框中，在"架构名称"中输入 students，选择"架构所有者"，然后单击"确定"按钮。

（7）在"对象资源管理器"中选择"架构"，然后确认 students 架构已存在。

9.3.2　使用 CREATE SCHEMA 语句创建架构

（1）在 SQL Server Management Studio 中，单击工具栏上的"新建查询"按钮。

（2）在新的空白查询窗口中输入以下 Transact-SQL 代码。

```
Use T_stu
GO
CREATE SCHEMA students
GO
```

（3）单击工具栏上的"执行"按钮。

（4）在"对象资源管理器"中，依次展开"数据库"、T_stu、"安全性"和"架构"，然后确认 students 架构已存在。

（5）关闭 SQL Server Management Studio。如果提示保存文件，则单击"否"按钮。

9.3.3　使用 SQL Server Management Studio 删除架构

（1）在"对象资源管理器"中，依次展开"数据库"、"stu"和"安全性"。

（2）右击要删除的架构，然后从弹出的快捷菜单中选择"删除"命令。

（3）单击"确定"按钮确认删除架构。

注意：要删除的架构不能包含任何对象。如果架构包含对象，则删除将失败。

9.3.4　使用 DROP SCHEMA 语句删除架构

（1）在 SQL Server Management Studio 中，单击工具栏上的"新建查询"按钮。

（2）在新的空白查询窗口中输入以下 Transact-SQL 代码。

```
Use T_stu
GO
DROP SCHEMA students
GO
```

（3）单击工具栏上的"执行"按钮。

（4）在"对象资源管理器"中，依次展开"数据库"、T_stu、"安全性"和"架构"，然后确认students 架构已被删除。

（5）关闭 SQL Server Management Studio。如果提示保存文件，则单击"否"按钮。

实验 10 创 建 表

10.1 目 标

- 使用 SQL Server Management Studio 在 stu 数据库中创建表。
- 使用 Transact-SQL 在 T_stu 数据库中创建表。

10.2 背 景 知 识

表是包含数据库中所有形式数据的数据库对象。每个表代表一类对其用户有意义的对象。表定义是一个列集合。数据在表中的组织方式与在电子表格中相似,都是按行和列的格式组织的。每一行代表一条唯一的记录,每一列代表记录中的一个字段。

此实验要求:

(1) 确定数据库包含的各表的结构,以创建数据库的表。

(2) 已完成实验 8 和实验 9,成功创建了数据库 stu、T_stu 和架构 students。

(3) 了解常用的创建表的方法。

10.3 实 验 内 容

10.3.1 使用 SQL Server Management Studio 创建表

(1) 在桌面上选择"开始"→"程序"→ Microsoft SQL Server 2005 → SQL Server Management Studio 命令,弹出"连接到服务器"对话框。

(2) 在"连接到服务器"对话框中,按表 10-1 中的指定值进行设置,然后单击"连接"按钮,如图 10-1 所示。

表 10-1 "连接到服务器"对话框中连接信息设置

属　　性	值
服务器类型	数据库引擎
服务器名称	WIN2K3(根据服务器情况而定)
身份验证	Windows 身份验证

(3) 如果"对象资源管理器"不可见,则选择"视图"→"对象资源管理器"命令。

(4) 在"对象资源管理器"中,依次展开"数据库"、"stu"和"表"。

图 10-1　设置连接信息

（5）右击"表"，然后从弹出的快捷菜单中选择"新建表"命令。

（6）在"表-dbo. Table_1"窗口中，输入表 10-2 中的详细信息。

表 10-2　student 表的设置

列　　名	数 据 类 型	允 许 空 值	备　　注
Sno	Char(9)	不选	主键
Sname	Varcharr(20)	选中	唯一
Ssex	Char(2)	选中	
Sage	Smallint	选中	
Sdept	Varcharr(20)	选中	

（7）单击 Sno 行，在"表设计器"菜单上选择"设置主键"命令。

（8）单击表设计面板中的任何位置，然后选择"文件"→"保存 Table_1"命令。

（9）在"选择名称"对话框中输入"student"，然后单击"确定"按钮。

（10）选择"表设计器"→"索引/键"命令，打开如图 10-2 所示的对话框。

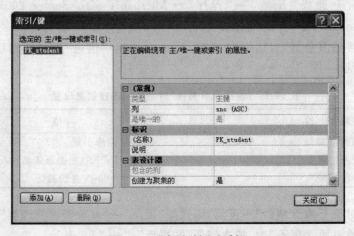

图 10-2　"索引/键"对话框

(11) 单击"添加"按钮,输入图 10-3 所示详细信息。

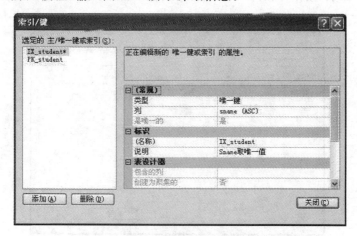

图 10-3　创建索引/键

(12) 单击"关闭"按钮。

(13) 选择"视图"→"属性窗口"命令,然后将"架构"属性设置为 Students。

(14) 关闭并保存表 Students,然后右击"表"文件夹,从弹出的快捷菜单中选择"刷新"命令,以确认已经创建了新表。

(15) 按照创建表 student 的步骤创建表 course,详细信息如表 10-3 所示。

表 10-3　course 表的设置

列　名	数据类型	允许空值	备　注
Cno	Char(4)	不选	主键
Cname	Varcharr(40)	选中	
Cpno	Char(4)	选中	
Ccredit	Smallint	选中	只能取 1,2,3,4

(16) 单击 Cno 行,在"表设计器"菜单上选择"设置主键"命令。

(17) 选择"表设计器"→"关系"命令,打开图 10-4。

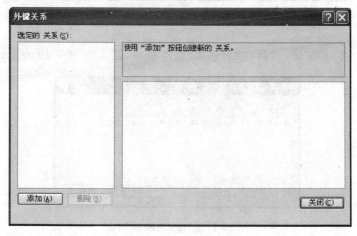

图 10-4　外键关系

（18）单击"添加"按钮，然后在"表和列"对话框中，输入图 10-5 所示详细信息。

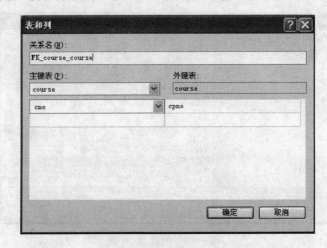

图 10-5　建立主外键关系

（19）单击"确定"按钮，再单击"关闭"按钮，保存 course 表。

（20）选择"表设计器"→"check 约束"命令，打开如图 10-6 所示的对话框。

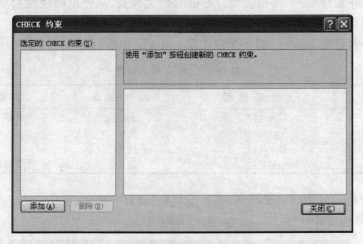

图 10-6　CHECK 约束

（21）单击"添加"按钮，然后在"表达式"文本框中，输入图 10-7 所示详细信息。

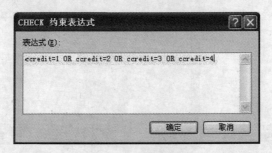

图 10-7　创建 CHECK 约束

（22）单击"确定"按钮，再单击"关闭"按钮，保存 course 表。

（23）按照创建表 student 的步骤创建表 sc，详细信息如表 10-4 所示。

表 10-4   sc 表的设置

列　名	数据类型	允许空值	备　注
Sno	Char(9)	不选	与 Cno 构成主键
Cno	Char(4)	不选	
Grade	Smallint	选中	

（24）按住 Ctrl 键，选中 Sno 和 Cno 两行，选择"表设计器"→"设置主键"命令。

（25）选择"表设计器"→"关系"命令，打开如图 10-8 所示的对话框。

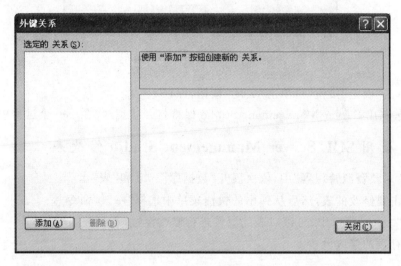

图 10-8   主外键关系

（26）单击"添加"按钮，然后单击"表和列规范"按钮，输入如图 10-9 所示的详细信息。

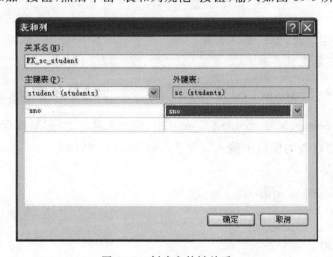

图 10-9   创建主外键关系

（27）单击"确定"按钮。

（28）单击"添加"按钮，然后在"表和列"对话框中，输入图 10-10 所示详细信息。

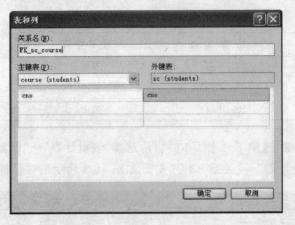

图 10-10　创建主外键关系

（29）单击"确定"按钮，再单击"关闭"按钮，保存 sc 表。

（30）使 SQL Server Management Studio 保持打开状态，将在下一个过程中用到它。

10.3.2　使用 SQL Server Management Studio 修改表

（1）在"对象资源管理器"中，依次展开"数据库"、stu 和"表"。

（2）右击要修改的表，然后从弹出的快捷菜单中选择"修改"命令。

（3）在"表-…"窗口中，可以对表的属性进行修改设置，与创建表时相同。

（4）保存表的修改设置。

10.3.3　使用 SQL Server Management Studio 删除表

（1）在"对象资源管理器"中，右击要删除的表，然后从弹出的快捷菜单中选择"删除"命令。

（2）单击"确定"按钮确认删除表。

注意：该表不能是被参照表。

10.3.4　使用 Transact-SQL 创建表

（1）在 SQL Server Management Studio 中，单击工具栏上的"新建查询"按钮。

（2）在新的空白查询窗口中输入以下 Transact-SQL 代码。

```
USE T_stu
CREATE TABLE students. student(
    sno char(9) PRIMARY KEY,
    sname varchar(20) UNIQUE,
    ssex char(2) ,
    sage smallint,
    sdept varchar(20))
```

（3）单击工具栏上的"执行"按钮。

（4）该命令成功完成之后，右击"对象资源管理器"中的"表"文件夹，然后从弹出的快捷菜单中选择"刷新"命令，确认 students. student 表已添加到数据库 T_stu 中。

（5）同样在新的空白查询窗口中输入以下 Transact-SQL 代码，创建 course 表。

```
USE T_stu
CREATE TABLE students. course(
    cno char(4) PRIMARY KEY,
    cname varchar(50),
    cpno char(4),
    ccredit smallint CHECK (ccredit = 1 OR ccredit = 2 OR ccredit = 3 OR ccredit = 4),
    FOREIGN KEY(cpno) REFERENCES students. course(cno))
```

（6）同样在新的空白查询窗口中输入以下 Transact-SQL 代码，创建 sc 表。

```
USE T_stu
CREATE TABLE students. sc(
    sno char(9),
    cno char(4),
    grade smallint,
    PRIMARY KEY(sno, cno),
    FOREIGN KEY(cno) REFERENCES students. course(cno),
    FOREIGN KEY(sno) REFERENCES students. student(sno))
```

（7）关闭 SQL Server Management Studio。如果提示保存任何文件，则单击"否"按钮。

10.3.5 使用 Transact-SQL 修改表

（1）在新的空白查询窗口中输入以下 Transact-SQL 代码。

```
USE T_stu
ALTER TABLE students. student ADD S_entrance datetime
```

（2）单击工具栏上的"执行"按钮。

（3）该命令成功完成之后，右击"对象资源管理器"中的"表"文件夹，打开 student 表结构，已增加了 S_entrance 属性列，其数据类型为 datetime。

（4）使用同样方法将 student 表的年龄的数据类型改为整型，代码如下。

```
USE T_stu
ALTER TABLE students. student ALTER COLUMN sage int
```

（5）使用同样方法为 course 表增加课程名称必须取唯一值的约束条件，代码如下。

```
USE T_stu
ALTER TABLE students. course ADD unique(cname)
```

（6）使用同样方法为 student 表增加一个约束条件，即 sex 列只能取"男"或"女"，代码如下。

```
USE T_stu
ALTER TABLE students. student ADD CONSTRAINT CK_student_ssex CHECK (ssex = '男' OR ssex = '女')
```

(7) 关闭 SQL Server Management Studio。如果提示保存任何文件,则单击"否"按钮。

10.3.6　使用 Transact-SQL 删除表

(1) 在新的空白查询窗口中输入以下 Transact-SQL 代码。

```
USE T_stu
DROP TABLE students.sc
```

(2) 单击工具栏上的"执行"按钮。

(3) 该命令成功完成之后,右击"对象资源管理器"中的"表"文件夹,然后从弹出的快捷菜单中选择"刷新"命令,确认 sc 表已删除。

10.4　拓　展　练　习

(1) 在实验 8 建立的数据库 EDUC 中,根据分析需要表 10-5～表 10-10。

表 10-5　student 表(学生信息表)

字 段 名 称	类 型	宽 度	允 许 空 值	主 键	说 明
sno	char	8	NOT NULL	是	学生学号
sname	char	8	NOT NULL		学生姓名
sex	char	2	NULL		学生性别
native	char	20	NULL		籍贯
birthday	datetime		NULL		学生出生日期
pno	char	4	NULL		专业号
dno	char	6	NULL		学生所在院系(外键)
classno	char	4	NULL		班级号
entime	datetime		NULL		学生入校时间
home	varchar	40	NULL		学生家庭住址
tel	varchar	40	NULL		学生联系电话

表 10-6　course 表(课程信息表)

字 段 名 称	类 型	宽 度	允 许 空 值	主 键	说 明
cno	char	10	NOT NULL	是	课程编号
cname	char	20	NOT NULL		课程名称
cpno	char	10	NULL		先修课程(外键)
experiment	tinyint		NULL		实验时数
lecture	tinyint		NULL		授课学时
semester	tinyint		NULL		开课学期
credit	tinyint		NULL		课程学分

字段名称	类型	宽度	允许空值	主键	说明
sno	char	8	NOT NULL	是	学生学号
cno	char	10	NOT NULL	是	课程编号
score	tinyint		NULL		学生成绩,0～100 之间

字段名称	类型	宽度	允许空值	主键	说明
tno	char	8	NOT NULL	是	教师编号
tname	char	8	NOT NULL		教师姓名
sex	char	2	NULL		教师性别
birthday	datetime		NULL		教师出生日期
dno	char	6	NULL		教师所在院系(外键)
pno	tinyint		NULL		教师职务或职称编号
home	varchar	40	NULL		教师家庭住址
zipcode	char	6	NULL		邮政编码
tel	varchar	40	NULL		联系电话
email	varchar	40	NULL		电子邮件

字段名称	类型	宽度	允许空值	主键	说明
tcid	smallint		NOT NULL	是	上课编号
tno	char	8	NULL		教师编号(外键)
classno	char	4	NULL		班级号
cno	char	10	NOT NULL		课程编号(外键)
semester	char	6	NULL		学期
schoolyear	char	10	NULL		学年
classtime	varchar	40	NULL		上课时间
classroom	varchar	40	NULL		上课地点
weektime	tinyint		NULL		每周课时数

字段名称	类型	宽度	允许空值	主键	说明
dno	char	8	NOT NULL	是	学院编号
dname	char	8	NOT NULL		学院名称
dhome	varchar	40	NULL		学院地址
dzipcode	char	6	NULL		学院邮政编码
dtel	varchar	40	NULL		学院联系电话

（2）用 SQL Server Management Studio 创建各表。

（3）用 SSMS 删除所建立的表 Student_course、Student 和 Course。

（4）在查询分析器中用 sql 语句删除表 Tearch_course、Teacher 和 Department。

（5）用 SQL 语句创建各表。

（6）用 SSMS 将 Student 表中的 birthday 字段设为不能为空（not null）。

（7）用 SQL 语句将 Student 表中的属性 sno char(8)改成 varchar(20)类型。

（8）用 SSMS 在 Course 表中添加一列 year，类型为 varchar(4)，默认值为空。

（9）用 SQL 语句将 Course 表中的 year 字段删除。

实验 11　创 建 索 引

11.1 目　标

- 使用 SQL Server Management Studio 创建索引。
- 使用 Transact-SQL 创建索引。

11.2 背 景 知 识

与书目录的作用相同,数据库中的索引可以快速找到表或索引视图中的特定信息。索引包含从表或视图中一个或多个列生成的键,以及映射到指定数据的存储位置的指针。通过创建设计良好的索引以支持查询,可以显著提高数据库查询和应用程序的性能。索引还可以强制表中的行具有唯一性,从而确保表数据的数据完整性。

此实验要求:

(1) 确定数据库中各表的索引结构,以创建索引。

(2) 已完成实验 10,成功创建了数据库 stu 中的各个表。

(3) 了解创建和删除索引的方法。

11.3 实 验 内 容

11.3.1 使用 SQL Server Management Studio 创建索引

(1) 在桌面上选择"开始"→"程序"→ Microsoft SQL Server 2005 → SQL Server Management Studio 命令,弹出"连接到服务器"对话框。

(2) 在"连接到服务器"对话框中,按表 11-1 中的指定值进行设置,然后单击"连接"按钮,如图 11-1 所示。

表 11-1　"连接到服务器"对话框中连接信息设置

属　　性	值
服务器类型	数据库引擎
服务器名称	WIN2K3(根据服务器情况而定)
身份验证	Windows 身份验证

图 11-1　设置连接信息

（3）如果"对象资源管理器"不可见，则选择"视图"→"对象资源管理器"命令。

（4）在"对象资源管理器"中，依次展开"数据库"、stu、"表"、student 和"索引"。

（5）右击"索引"，然后从弹出的快捷菜单中选择"新建索引"命令。

（6）在"新建索引"对话框中，输入表 11-2 中的详细信息。

（7）单击"添加"按钮，选择 sname 列，然后单击"确定"按钮。

（8）在"新建索引"对话框中单击"确定"按钮完成创建索引。

（9）该命令成功完成之后，右击"对象资源管理器"中的"索引"文件夹，然后从弹出的快捷菜单中选择"刷新"命令，确认 stusname 索引已创建好。

（10）下面使用同样的方法为 student 表按学号升序建唯一索引。

（11）在"对象资源管理器"中，依次展开"数据库"、stu、"表"、student 和"索引"。

（12）右击"索引"，然后从弹出的快捷菜单中选择"新建索引"命令。

（13）在"新建索引"对话框中，输入表 11-3 中的详细信息。

表 11-2　student 表中 stusname 索引的设置		表 11-3　student 表中 stusno 索引的设置	
属　　性	值	属性	值
索引名称	stusname	索引名称	stusno
索引类型	非聚集	索引类型	非聚集
		唯一性	选中

（14）单击"添加"按钮，选择 sno 列，然后单击"确定"按钮。

（15）在"新建索引"对话框中单击"确定"按钮完成创建索引。

（16）下面使用同样的方法为 course 表按课程号升序建唯一索引。

（17）在"对象资源管理器"中，依次展开"数据库"、stu、"表"、course 和"索引"。

（18）右击"索引"，然后从弹出的快捷菜单中选择"新建索引"命令。

（19）在"新建索引"对话框中，输入表 11-4 中的详细信息。

（20）单击"添加"按钮，选择 cno 列，然后单击"确定"按钮。

（21）在"新建索引"对话框中单击"确定"按钮完成创建索引。

（22）下面使用同样的方法为 sc 表按学号升序、课程号降序建唯一索引。

（23）在"对象资源管理器"中,依次展开"数据库"、stu、"表"、sc 和"索引"。

（24）右击"索引",然后从弹出的快捷菜单中选择"新建索引"命令。

（25）在"新建索引"对话框中,输入表 11-5 中的详细信息。

表 11-4　course 表中 coucno 索引的设置

属　　性	值
索引名称	coucno
索引类型	非聚集
唯一性	选中

表 11-5　sc 表中 scno 索引的设置

属　　性	值
索引名称	scno
索引类型	非聚集
唯一性	选中

（26）单击"添加"按钮,选择 sno 和 cno 列,然后单击"确定"按钮。

（27）在"新建索引"对话框中将 cno 的排列顺序改为"降序"。

（28）在"新建索引"对话框中单击"确定"按钮完成创建索引。

（29）使 SQL Server Management Studio 保持打开状态,将在下一个过程中用到它。

11.3.2　使用 SQL Server Management Studio 删除索引

（1）在"对象资源管理器"中,依次展开"数据库"、stu、"表"、student 和"索引"。

（2）右击要删除的索引,然后从弹出的快捷菜单中选择"删除"命令。

（3）单击"确定"按钮,确认删除索引。

11.3.3　使用 Transact-SQL 创建索引

（1）在 SQL Server Management Studio 中,单击工具栏上的"新建查询"按钮。

（2）在新的空白查询窗口中输入以下 Transact-SQL 代码。

```
USE T_stu
CREATE INDEX stusname ON students. student(sname)
```

（3）单击工具栏上的"执行"按钮。

（4）该命令成功完成之后,右击"对象资源管理器"中的"索引"文件夹,然后从弹出的快捷菜单中选择"刷新"命令,确认 stusname 索引已创建好。

（5）使用同样的方法为 student 表按学号升序建唯一索引,为 course 表按课程号升序创建唯一索引,为 sc 表按学号升序、课程号降序创建唯一索引,代码如下。

```
USE T_stu
CREATE UNIQUE INDEX stusno ON students. student(sno)
CREATE UNIQUE INDEX coucno ON students. course(cno)
CREATE UNIQUE INDEX scno ON students. sc(sno ASC,cno DESC)
```

（6）关闭 SQL Server Management Studio。如果提示保存文件,则单击"否"按钮。

11.3.4 使用 Transact-SQL 删除索引

(1) 在新的空白查询窗口中输入以下 Transact-SQL 代码。

```
USE T_stu
DROP INDEX students.student.stusname
```

(2) 单击工具栏上的"执行"按钮。

(3) 该命令成功完成之后,右击"对象资源管理器"中的"索引"文件夹,然后从弹出的快捷菜单中选择"刷新"命令,确认索引已删除。

11.4 拓 展 练 习

对实验 10 中的 EDUC 数据库实现以下操作:

1. 建立索引(如果不能成功建立,请分析原因)

(1) 在 student 表的 sname 列上建立普通降序索引。

(2) 在 course 表的 cname 列上建立唯一索引。

(3) 在 student_course 表的 sno 列上建立聚集索引。

(4) 在 student_course 表的 sno(升序)、cno(升序)和 score(降序)三列上建立一个普通索引。

2. 删除索引

(1) 删除在 student 表上建立的索引。

(2) 删除在 course 表上建立的索引。

简单数据查询

12.1 目　标

- 使用 SELECT 语句进行数据查询,观察查询结果,体会 SELECT 语句实际应用。
- 熟练掌握简单表的数据查询、数据排序和数据连接查询的操作方法。

12.2 背 景 知 识

SELECT 语句是 T-SQL 中最重要的一条命令,是从数据库中获取信息的一个基本语句。有了这条语句,就可以实现从数据库的一个、多个表或视图中查询信息。

此实验要求:

(1) 完成实验 10 和实验 11,成功建立了基本表和相关索引。

(2) 了解简单 SELECT 语句的用法。

(3) 比较熟悉 SQL 脚本运行环境。

12.3 实 验 内 容

12.3.1 使用 Transact-SQL 进行数据查询

(1) 在 SQL Server Management Studio 中,单击工具栏上的"新建查询"按钮。

(2) 在新的空白查询窗口中输入查询代码。

(3) 单击工具栏上的"执行"按钮。

(4) 查看查询结果。

12.3.2 练习内容

(1) 完成教材上的相关练习和课后习题。

(2) 针对实验 10 中 stu 数据库中的 student、course 和 sc 三个表实现以下查询:

① 求计算机系的学生学号和姓名;

② 求选修了课程的学生学号;

③ 求选修 1 号课程的学生学号和成绩,并要求对查询结果按成绩的降序排列,如果成绩相同则按学号的升序排列;

④ 求选修课程 1 号且成绩在 80~90 之间的学生学号和成绩,并将成绩乘以系数 0.75

输出；

⑤ 求计算机系和数学系姓张的学生的信息；

⑥ 求缺少了成绩的学生的学号和课程号；

⑦ 求学生的学号、姓名、选修的课程名及成绩；

⑧ 求选修 1 号课程且成绩在 90 分以上的学生学号、姓名及成绩；

⑨ 查询每一门课的先修课，包括课程号、课程名、先修课程号和先修课程名；

⑩ 查询每个学生的基本信息以及他(她)所选修课程的课程号(包括没有选课的学生)。

实验 13　复杂数据查询

13.1　目　　标

- 掌握数据查询中的分组、统计和计算的操作方法。
- 掌握子查询的表示并深入理解 SQL 语言的嵌套查询语句。

13.2　背　景　知　识

此实验要求：

(1) 完成实验 10 和实验 11，成功建立了基本表和相关索引。

(2) 了解子查询的表示方法，熟悉 IN 、ALL、ANY 和 EXISTS 操作符的用法。

(3) 比较熟悉 SQL 脚本运行环境。

13.3　实　验　内　容

13.3.1　使用 Transact-SQL 进行数据查询

(1) 在 SQL Server Management Studio 中，单击工具栏上的"新建查询"按钮。

(2) 在新的空白查询窗口中输入查询代码。

(3) 单击工具栏上的"执行"按钮。

(4) 查看查询结果。

13.3.2　练习内容

(1) 完成教材上的相关练习和课后习题。

(2) 针对实验 10 中 stu 数据库中的 student、course 和 sc 三个表实现以下查询：

① 求学生的总人数；

② 求选修了课程的学生人数；

③ 求课程的课程号、课程名和选修该课程的人数；

④ 求选修课超过 2 门课的学生学号、姓名。

(3) 针对实验 10 中 stu 数据库中的 student、course 和 sc 三个表，利用嵌套查询实现以下目标：

① 求选修了高等数学的学生学号和姓名；

② 求 1 号课程的成绩高于张三的学生学号和成绩；

③ 求其他系中比计算机系某一学生年龄小的学生信息（即求其他系中年龄小于计算机系年龄最大者的学生）；

④ 求其他系中比计算机系学生年龄都小的学生信息；

⑤ 求选修了 2 号课程的学生姓名；

⑥ 求没有选修 2 号课程的学生姓名；

⑦ 查询选修了全部课程的学生的姓名；

⑧ 求至少选修了学号为 S2 的学生所选修的全部课程的学生学号和姓名。

实验 14　数 据 更 新

14.1　目　标

- 掌握 SQL Server 数据更新语言的使用。
- 能按要求对数据库指定的数据进行更新操作。

14.2　背 景 知 识

数据操纵实际上就是指通过 DBMS 提供的数据操纵语言(DML)实现对数据库表中数据的更新操作,如数据的插入、删除和修改等。T-SQL 的更新命令主要是 INSERT、UPDATE 和 DELETE 等,它们分别实现对表或视图数据的插入、修改与删除等更新操作。

此实验要求:

(1) 完成实验 10 和实验 11,成功建立了基本表和相关索引。

(2) 了解 UPDATE/INSERT/DELETE 这些更新语句的基本语法和用法。

(3) 比较熟悉 SQL 脚本运行环境。

14.3　实 验 内 容

14.3.1　使用 Transact-SQL 进行数据更新

(1) 在 SQL Server Management Studio 中,单击工具栏上的"新建查询"按钮。

(2) 在新的空白查询窗口中输入代码。

(3) 单击工具栏上的"执行"按钮。

(4) 查看结果。

14.3.2　练习内容

(1) 完成教材上的相关练习和课后习题。

(2) 针对实验 10 中 stu 数据库中的 student 表实现以下数据更新:

① 将所在系为"ma"、并且年龄小于 20 岁的学生的所在系改为"cs"。

② 删掉所有年龄小于 20 岁、并且所在系为"cs"的学生记录。

③ 插入一条新记录,它的具体信息为"学号:'2007011'、姓名:'张三'、性别:'男'、年龄:20、所在系:'ma'"。

④ 将年龄最小的学生的所在系去掉。

⑤ 将平均年龄最小的一个院系的院系名称改为"jsj"。

实验 15　实 现 视 图

15.1　目　　标

- 使用 SQL Server Management Studio 创建视图。
- 使用 Transact-SQL 创建视图。
- 查询视图。
- 生成视图的 Transact-SQL 脚本。

15.2　背 景 知 识

　　数据库的基本表是按照数据库设计人员的观点设计的,并不一定符合用户的需求,SQL Server 可以按照用户应用需求定义出新的表,这样的面向用户的新表称为视图。视图是一种虚表,其内容由查询定义,数据库中存储的是查询定义对应的 SELECT 语句。同真实的表一样,视图包含一系列带有名称的列和行数据。视图(除索引视图)在数据库中并不是以数据值存储集形式存在。行和列数据来自由定义视图的查询所引用的表,并且在引用视图时动态生成。通过视图进行查询没有任何限制,通过它们进行数据更新操作时是有些限制的。

　　此实验要求:

　　(1) 确定要创建的视图。

　　(2) 已完成实验 10,成功创建了数据库 stu 中的各个表。

　　(3) 了解创建和查询视图的方法。

15.3　实 验 内 容

15.3.1　使用 SQL Server Management Studio 创建视图

　　(1) 在桌面上选择"开始"→"程序"→ Microsoft SQL Server 2005 → SQL Server Management Studio 命令,弹出"连接到服务器"对话框。

　　(2) 在"连接到服务器"对话框中,按表 15-1 中的指定值进行设置,然后单击"连接"按钮,如图 15-1 所示。

表 15-1　"连接到服务器"对话框中连接信息设置

属　　性	值
服务器类型	数据库引擎
服务器名称	WIN2K3（根据服务器情况而定）
身份验证	Windows 身份验证

图 15-1　设置连接信息

（3）如果"对象资源管理器"不可见，则选择"视图"→"对象资源管理器"命令。

（4）在"对象资源管理器"中，依次展开"数据库"、stu 和"视图"。

（5）右击"视图"，然后从弹出的快捷菜单中选择"新建视图"命令。

（6）在"添加表"对话框中选中 student（students）表，单击"添加"按钮，然后单击"关闭"按钮。

（7）选择 student（students）表中的 sno、sname、ssex、sage 和 sdept。

（8）sdept 的"输出"选项不选，在筛选器一栏输入"= 'is'"，具体设置如图 15-2 所示。

（9）如果"属性"窗口不可见，则选择"视图"→"属性窗口"命令。

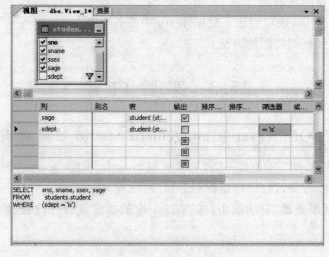

图 15-2　创建视图

(10) 将视图的架构属性设置为 students。

(11) 选择"文件"→"保存视图 -dbo. View_1"命令。

(12) 为新视图输入名称"StudentIsView",然后单击"确定"按钮。

(13) 使 SQL Server Management Studio 保持打开状态,将在下一个过程中用到它。

如果在 Management Studio 的"对象资源管理器"中修改视图,只需右击要修改的视图,从弹出的快捷菜单中选择"修改"命令即可进行修改,如图 15-2 所示。

15.3.2 使用 Transact-SQL 创建视图

(1) 在"对象资源管理器"中,依次展开"数据库"→T_stu→"视图"。

(2) 在 SQL Server Management Studio 中,单击工具栏上的"新建查询"按钮。

(3) 在查询窗口中输入以下代码。

```
USE T_stu
GO
CREATE VIEW students.TStudentIsView
AS
SELECT sno, sname, ssex, sage
FROM students.student
WHERE sdept = 'is'
```

(4) 单击工具栏上的"执行"按钮。

(5) 该命令成功完成之后,右击"对象资源管理器"中的"视图"文件夹,然后从弹出的快捷菜单中选择"刷新"命令,以确认 students. TStudentIsView 视图已创建好。

(6) 单击工具栏上的"新建查询"按钮。

(7) 在新的空白查询窗口中输入以下 Transact-SQL 代码。

```
USE T_stu
GO
SELECT * FROM students.TStudentIsView
```

(8) 在工具栏上单击"执行"按钮。

(9) 确认从视图中返回了数据。

(10) 关闭 SQL Server Management Studio。如果提示保存文件,则单击"否"按钮。

15.3.3 查看 StudentIsView 视图的内容

(1) 在 SQL Server Management Studio 中,单击工具栏上的"新建查询"按钮。

(2) 在新的空白查询窗口中输入以下 Transact-SQL 代码。

```
USE stu
GO
SELECT * FROM students.StudentIsView
```

(3) 单击工具栏上的"执行"按钮。

(4) 命令完成后,查看返回的结果。

15.3.4 删除视图

在创建视图后,如果不再需要该视图,想清除视图定义,可以删除该视图。删除视图后,视图所基于的数据并不受影响。

在 Management Studio 中删除视图：

（1）在"对象资源管理器"中，选择 stu 数据库下的"视图"。

（2）右击要删除的视图，在弹出的快捷菜单中选择"删除"命令，在出现的确认删除对话框中单击"确认"按钮即可。

使用 Transact-SQL 删除视图：

（1）在 SQL Server Management Studio 中，单击工具栏上的"新建查询"按钮。

（2）在查询窗口中输入以下代码。

```
USE T_stu
GO
DROP VIEW students.TStudentIsView
```

（3）单击工具栏上的"执行"按钮即可删除视图。

15.3.5 生成视图的脚本

如果要查看用于创建 StudentIsView 视图的 Transact-SQL，步骤如下：

（1）在"对象资源管理器"中，右击 stu 数据库下的"视图"，然后从弹出的快捷菜单中选择"刷新"命令。

（2）右击 students.StudentIsView 视图，然后从弹出的快捷菜单中选择"编写视图脚本为"→"CREATE 到"→"新建查询编辑器窗口"命令。

（3）查看 CREATE VIEW Transact-SQL 语句。

（4）关闭 SQL Server Management Studio。如果提示保存任何文件，则单击"否"按钮。

15.4 拓 展 练 习

1. 定义视图

在 stu 数据库中完成以下视图定义：

（1）定义计算机系学生基本情况视图 V_Computer。

（2）将学生的学号、姓名、课程号、课程名和成绩定义为视图 V_S_C_G。

（3）将各系学生人数、平均年龄定义为视图 V_NUM_AVG。

（4）定义一个反映学生出生年份的视图 V_YEAR，包括学号、姓名和出生年份。

（5）将各位学生选修课程的门数及平均成绩定义为视图 V_AVG_S_G，包括学号、课程数量和平均成绩。

（6）将各门课程的选修人数及平均成绩定义为视图 V_AVG_C_G，包括课程号、选修人数和平均成绩。

2. 使用视图

（1）查询以上所建的视图结果。

（2）查询平均成绩为 90 分以上的学生学号、姓名和成绩。

（3）查询各课成绩均大于平均成绩的学生学号、姓名、课程号和成绩。

实验 16 数据库安全性

16.1 目　　标

- 掌握设置 SQL Server 认证模式方法。
- 掌握管理 SQL Server 登录的方法。
- 掌握进行数据库用户、权限和角色等相关基本设置的方法。

16.2　背 景 知 识

　　SQL Server 提供了两种安全管理模式：Windows 身份验证模式和混合身份验证模式，数据库设计者和数据库管理员可以根据实际情况进行选择。每个用户必须通过登录账户建立自己的连接能力（身份验证），以获得对 SQL Server 实例的访问权限。登录名本身并不能让用户访问服务器中的数据库资源。要访问具体数据库中的资源，还必须有该数据库的用户名。新的登录创建以后，才能创建数据库用户，数据库用户在特定的数据库内创建，必须和某个登录名相关联。数据库用户创建后，通过授予用户权限来指定用户访问特定对象的权限。

　　SQL Server 数据库管理系统利用角色设置、管理用户的权限。角色的使用与 Windows 组的使用很相似。通过角色，可以将用户集中到一个单元中，然后对这个单元应用权限。对角色授予或收回权限时，将对其中的所有成员生效。利用角色进行权限设置可以实现对所有用户权限的设置，大大减少了管理员的工作量。

　　此实验要求：

（1）了解 SQL Server 登录认证的方法。

（2）已完成实验 10，成功创建了数据库 stu 中的各个表。

（3）了解数据库用户、权限、角色及相关概念。

16.3　实 验 内 容

16.3.1　确认 SQL Server 验证

　　（1）在桌面上选择"开始"→"程序"→Microsoft SQL Server 2005→SQL Server Management Studio 命令，弹出"连接到服务器"对话框。

　　（2）在"连接到服务器"对话框中，按表 16-1 中的指定值进行设置，然后单击"连接"按钮，如图 16-1 所示。

表 16-1 "连接到服务器"对话框中连接信息设置

属 性	值
服务器类型	数据库引擎
服务器名称	WIN2K3(根据服务器情况而定)
身份验证	Windows 身份验证

图 16-1 设置连接信息

（3）如果"对象资源管理器"不可见,则选择"视图"→"对象资源管理器"命令。

（4）在"对象资源管理器"中右击服务器,然后从弹出的快捷菜单中选择"属性"命令,打开如图 16-2 所示窗口。

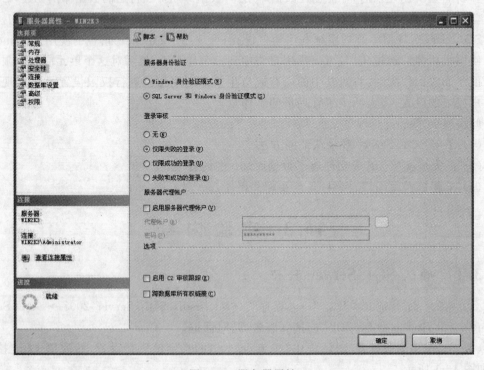

图 16-2 服务器属性

（5）在"选择页"选项区域中选择"安全性"。

（6）在"服务器身份验证"选项区域中可以选择身份验证模式，如"Windows 身份验证模式"或"SQL Server 和 Windows 身份验证模式"，此处选择"SQL Server 和 Windows 身份验证模式"单选按钮。

（7）选择身份验证模式后，单击"确定"按钮以执行该更改。

（8）如果通知必须重新启动服务器，则单击"确定"按钮。

（9）在"对象资源管理器"中右击服务器，然后从弹出的快捷菜单中选择"重新启动"命令。

（10）当提示确认时，单击"是"按钮。

（11）当通知"SQL Server 代理"服务也将停止时，单击"是"按钮。

（12）在"摘要"面板中右击"SQL Server 代理"，然后从弹出的快捷菜单中选择"启动"命令。

（13）当提示确认时，单击"是"按钮。

16.3.2　使用 SQL Server Management Studio 管理登录

在 Management Studio 中创建一个登录：

（1）在"对象资源管理器"中依次展开服务器和"安全性"。

（2）右击"登录名"，从弹出的快捷菜单中选择"新建登录名"命令，如图 16-3 所示。

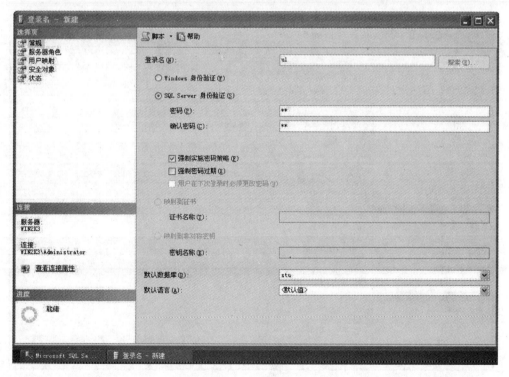

图 16-3　新建登录

（3）在"登录名-新建"对话框的"登录名"文本框中输入 u1。

（4）在"密码"文本框中输入密码，并在"确认密码"文本框中再次输入相同密码。

（5）在"默认数据库"下拉列表框中输入 u1 默认使用的数据库。

数据库安全性

（6）单击"确定"按钮以创建登录。

在 Management Studio 中查看登录详细信息，并做相应修改：

（1）在"对象资源管理器"中，依次展开服务器和"安全性"、"登录名"。

（2）右击"登录名"下的某一个登录账户，在弹出的快捷菜单中选择"属性"命令，可打开"登录属性"对话框查看该登录账户的信息，同时需要时能直接修改相应账户的设置信息。

在 Management Studio 中删除登录：

（1）在"对象资源管理器"中，依次展开服务器和"安全性"、"登录名"。

（2）右击"登录名"下的某一个登录账户，在弹出的快捷菜单中选择"删除"命令，打开"删除对象"对话框，在对话框上单击"确定"按钮，即可删除该登录账户。

16.3.3　使用 SQL Server Management Studio 管理用户

在 Management Studio 中创建一个用户：

（1）在"对象资源管理器"中，依次展开服务器、stu 和"安全性"。

（2）右击"用户"，从弹出的快捷菜单中选择"新建用户"命令。

（3）打开"数据库用户-新建"对话框，在"用户名"文本框中输入 u1，如图 16-4 所示。

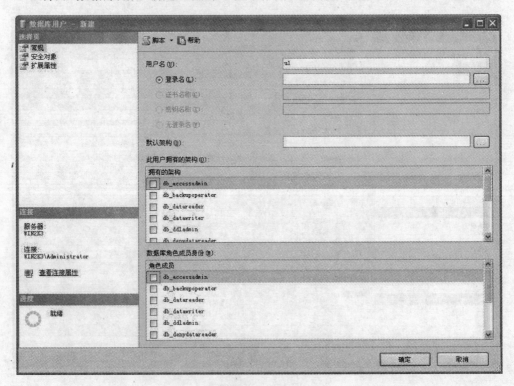

图 16-4　新建用户

（4）单击"登录名"文本框右边的"…"按钮，出现图 16-5 所示"选择登录名"对话框。

（5）在"选择登录名"对话框中单击"浏览"按钮，出现图 16-6 所示"查找对象"对话框。

（6）在"查找对象"对话框中选中［u1］复选框，然后单击"确定"按钮。

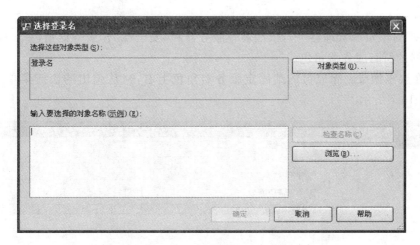

图 16-5 "选择登录名"对话框

图 16-6 查找对象

（7）单击"确定"按钮，关闭"选择登录名"对话框。

（8）单击"确定"按钮创建用户。

在 Management Studio 中查看用户详细信息，并做相应修改：

（1）在"对象资源管理器"中，依次展开服务器、stu、"安全性"和"用户"。

（2）右击"用户"下的某一个用户名，在弹出的快捷菜单中选择"属性"命令，可打开"数据库用户"对话框查看该用户的信息，同时需要时能直接修改相应用户的设置信息。

在 Management Studio 中删除用户：

（1）在"对象资源管理器"中，依次展开服务器、stu、"安全性"和"用户"。

（2）右击"用户"下的某一个用户，在弹出的快捷菜单中选择"删除"命令，打开"删除对象"对话框，在对话框上单击"确定"按钮，即可删除该用户。

16.3.4 使用 SQL Server Management Studio 管理角色

在 Management Studio 中添加或删除固定服务器角色成员：

数据库安全性

方法一：

（1）在"对象资源管理器"中，依次展开服务器和"安全性"、"服务器角色"，显示当前数据库服务器的所有服务器角色。

（2）在要添加或删除成员的某固定服务器角色上右击，从弹出的快捷菜单中选择"属性"，如图 16-7 所示。

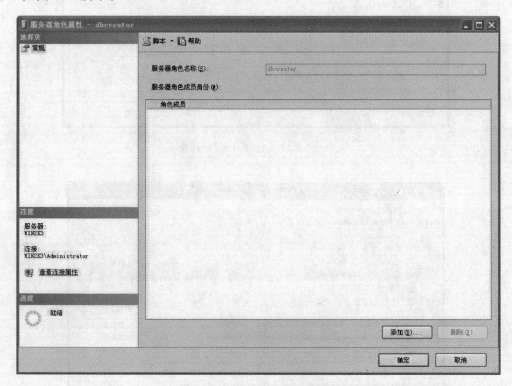

图 16-7 "服务器角色属性"窗口

（3）在"服务器角色属性"窗口中，单击"添加"或"删除"按钮便可实现对成员的添加或删除。

方法二：

（1）在"对象资源管理器"中，依次展开服务器和"安全性"、"登录名"。

（2）右击"登录名"下的某一个登录账户，在弹出的快捷菜单中选择"属性"命令，可打开"登录属性"对话框，或单击"新建登录名"按钮出现"登录-新建"对话框。

（3）选择"服务器角色"选项卡，在"服务器角色"选项中选择相应的复选框，完成对固定服务器角色成员的添加与删除，如图 16-8 所示。

在 Management Studio 中添加或删除数据库角色成员：

方法一：

（1）在"对象资源管理器"中，依次展开服务器、stu、"安全性"、"角色"和"数据库角色"，显示当前数据库的所有数据库角色。

（2）在要添加或删除成员的某数据库角色上右击，从弹出的快捷菜单中选择"属性"命令，如图 16-9 所示。

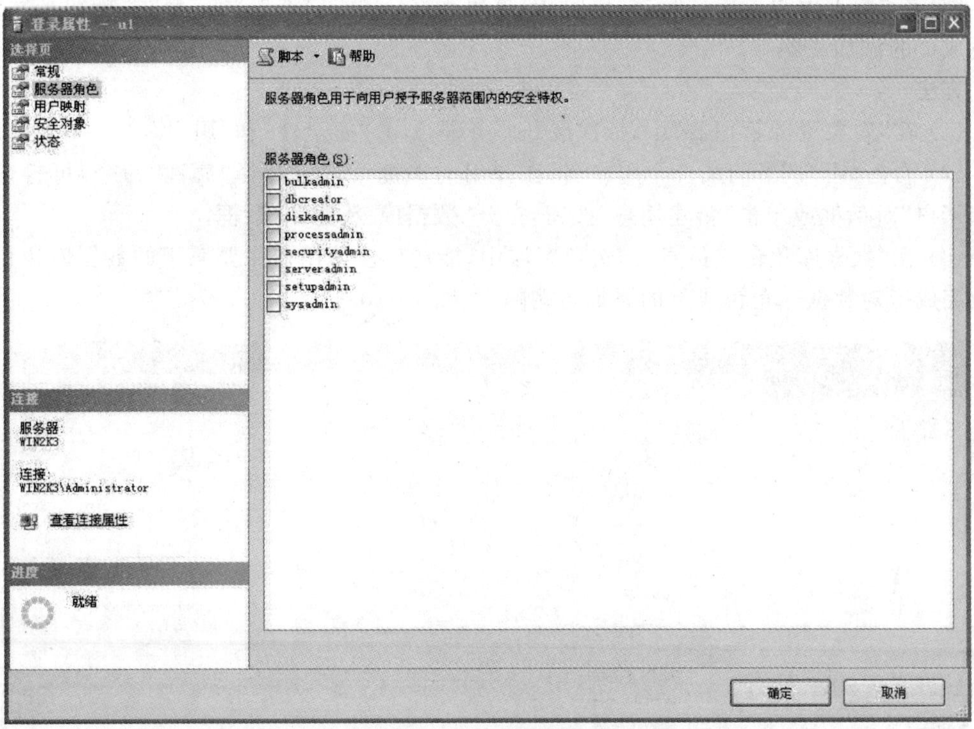

图 16-8 "登录属性"窗口

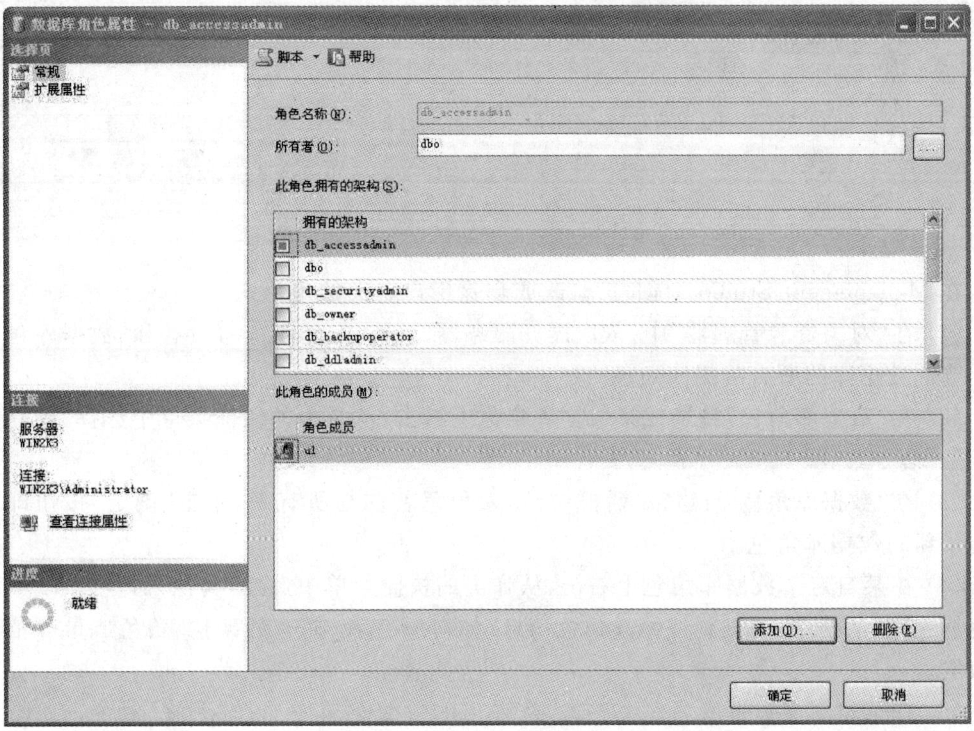

图 16-9 数据库角色属性

数据库安全性

（3）在"数据库角色属性"对话框中，通过单击右下角的"添加"或"删除"按钮来实现对角色成员的添加或删除。

方法二：

（1）在"对象资源管理器"中，依次展开服务器、stu、"安全性"和"用户"。

（2）右击"用户"下的某一个用户名，在弹出的快捷菜单中选择"属性"命令，可打开"数据库用户"对话框或单击"新建用户"按钮，打开"数据库-新建"对话框。

（3）在"数据库角色成员身份"选项区域中，能选择多项用户需要属于的数据库角色，这样也完成了对数据库角色成员的添加与删除，如图 16-10 所示。

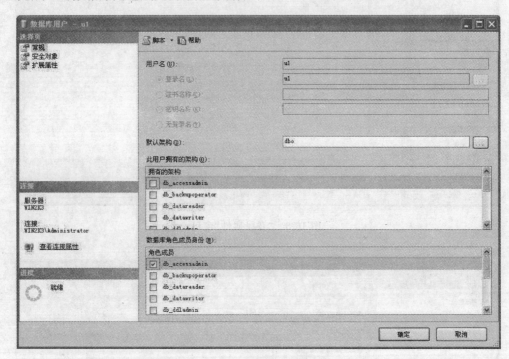

图 16-10　"数据库用户"窗口

在 Management Studio 中创建、修改或删除用户定义的角色：

（1）在"对象资源管理器"中，依次展开服务器、stu、"安全性"、"角色"和"数据库角色"，显示当前数据库的所有数据库角色。

（2）在"数据库角色"目录或某数据库角色上右击，从弹出的快捷菜单中选择"新建数据库角色"命令，如图 16-11 所示。

（3）在"数据库角色-新建"对话框中，输入角色名称与所有者，单击"确定"按钮即简单创建了新的数据库角色。

（4）在某自定义数据库角色上右击，从弹出的快捷菜单中选择"属性"命令。在"数据库角色属性"对话框中，可查阅或修改角色信息，如对所有者、拥有的架构、角色成员等信息的修改等。

（5）在某自定义数据库角色上右击，从弹出的快捷菜单中选择"删除"命令，打开"删除对象"对话框来删除数据库角色。但要注意：角色必须为空时才能删除。

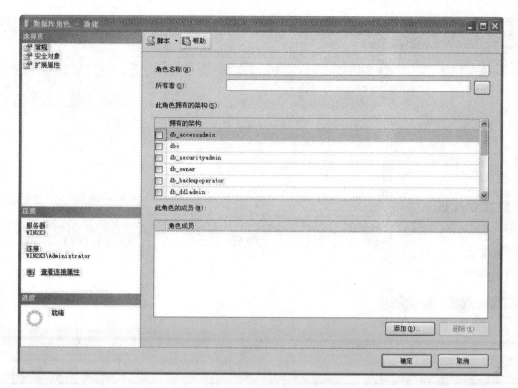

图 16-11　数据库角色

16.3.5　使用 SQL Server Management Studio 管理权限

在 Management Studio 中为数据库用户(角色)设置权限:

(1) 在"对象资源管理器"中,依次展开服务器、stu、"安全性"和"用户(角色)"。

(2) 右击"用户(角色)"下的某一个用户名(角色名),从弹出的快捷菜单中选择"属性"命令,打开"数据库用户(数据库角色属性)"对话框。

(3) 选择对话框中的"安全对象"选项卡,如图 16-12 所示。

(4) 单击右边操作区的"添加"、"删除"按钮可以添加、删除安全对象。单击"添加"按钮,打开"添加对象"对话框,如图 16-13 所示。

(5) 选取相应的安全对象。选择"属于该架构的所有对象"单选按钮,选择 students 架构,单击"确定"按钮。

(6) 在"数据库用户(数据库角色属性)"对话框中可以对各安全对象设置相应的权限,如进行授予或取消授予、拒绝或取消拒绝、设置具有授予权限或取消授予权限等操作。选中某个安全对象,然后在右下角的"显式权限"区域设置相应的权限。图 16-14 是对数据库用户 U1 属性对话框操作的情况。

(7) 设置完成后,单击"确定"按钮确认设置。

在 Management Studio 中为数据库或表设置权限(以设置表的权限为例,数据库权限的设置相同):

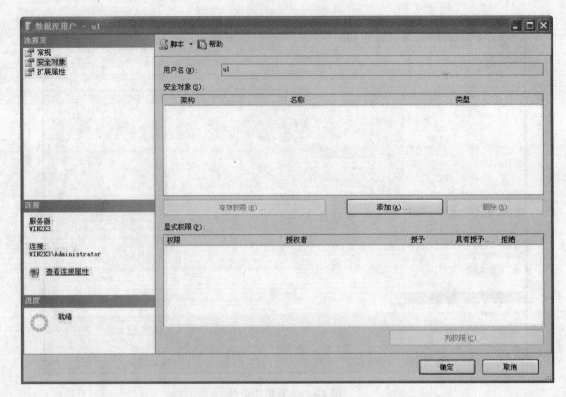

图 16-12　设置数据库用户

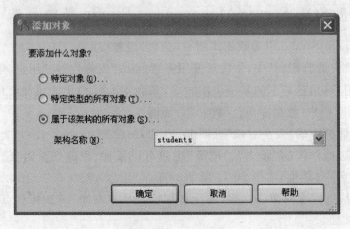

图 16-13　添加对象

（1）在"对象资源管理器"中，依次展开服务器、stu 和"表"。

（2）右击"表"下的某一个表，如 student 表，从弹出的快捷菜单中选择"属性"命令，打开"表属性"对话框。

（3）选择对话框中的"权限"选项卡，如图 16-15 所示。

（4）单击右边操作区的"添加"、"删除"按钮可以添加、删除用户或角色。单击"添加"按钮，打开"选择用户或角色"对话框，如图 16-16 所示。

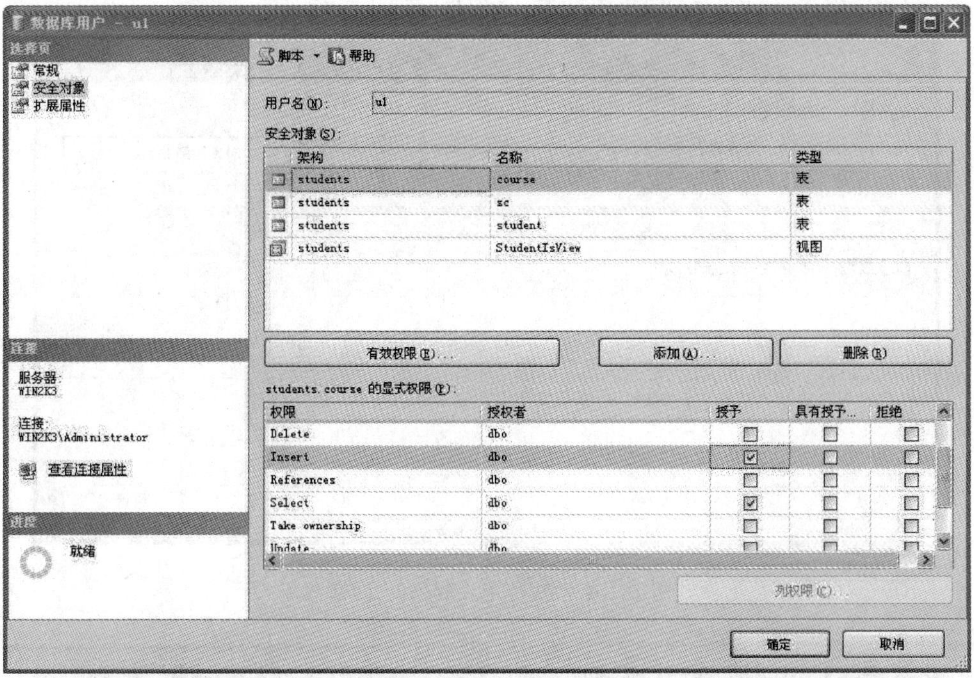

图 16-14 设置权限

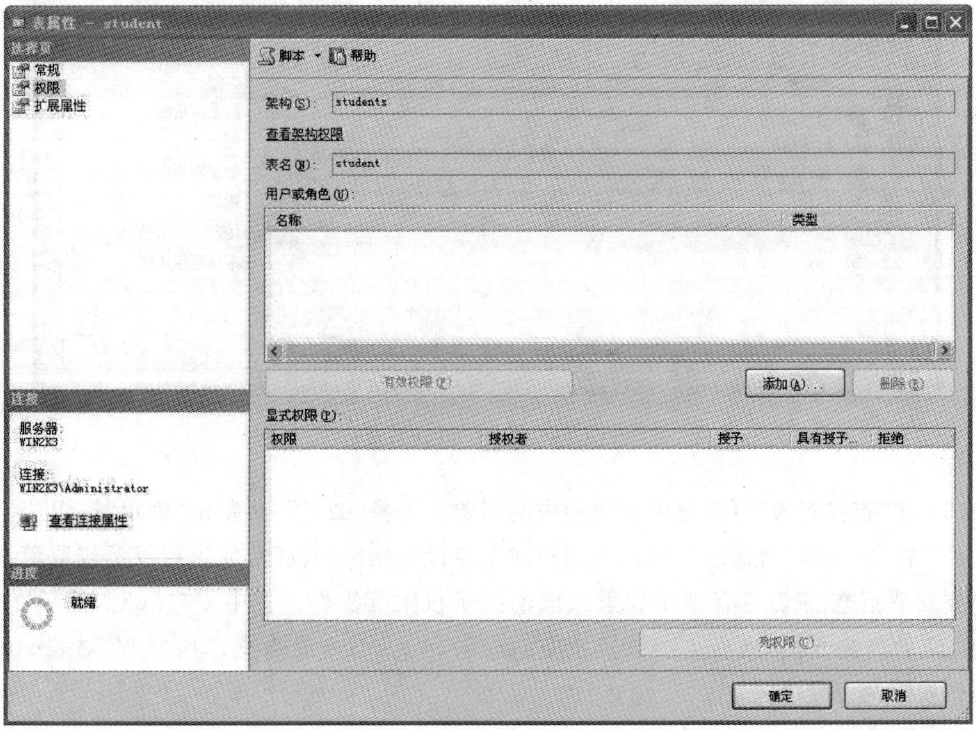

图 16-15 "表属性"对话框

实
验
16

数据库安全性

（5）单击"浏览"按钮，打开"查找对象"对话框，如图 16-17 所示。

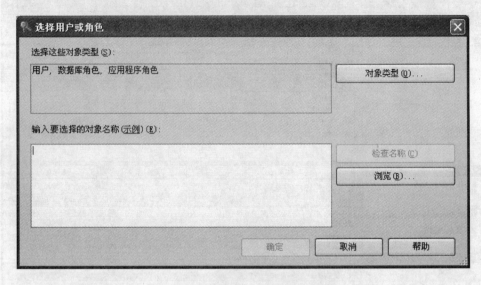

图 16-16　"选择用户或角色"对话框

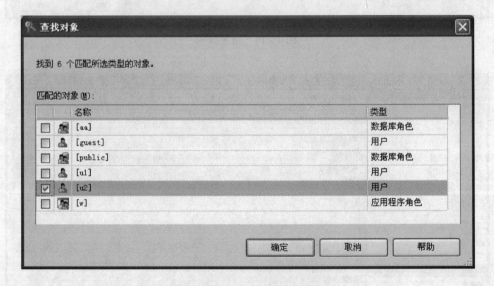

图 16-17　"查找对象"对话框

（6）在"查找对象"对话框中选取相应的对象。选择[u2]用户，单击"确定"按钮。

（7）在"表属性"对话框中可以为用户或角色设置相应的权限，如进行授予或取消授予、拒绝或取消拒绝、设置具有授予权限或取消授予权限等操作。选中用户[u2]，然后在右下角的"u2 的显式权限"选项组中设置相应的权限。图 16-18 是数据库用户 u2 对表 student 的操作权限的设置情况。

（8）设置完成后，单击"确定"按钮确认设置。

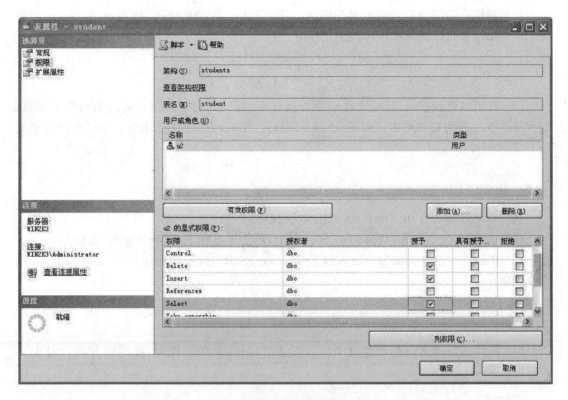

图 16-18　设置表权限

16.3.6　使用 Transact-SQL 管理权限

执行以下步骤以使用 Transact-SQL 进行授权：

（1）在 SQL Server Management Studio 中，单击工具栏上的"新建查询"按钮。

（2）在新的空白查询窗口中输入以下 Transact-SQL 代码。

```
USE stu
GRANT select ON students.student TO u1
```

（3）单击工具栏上的"执行"按钮，将查询 student 表的权限授给用户 u1。

（4）同样在新的空白查询窗口中输入以下 Transact-SQL 代码，把表 sc 的查询权限授予所有用户。

```
USE stu
GRANT select ON students.sc TO public
```

（5）同样在新的空白查询窗口中输入以下 Transact-SQL 代码，把查询 student 表和修改学号的权限授予用户 u4。

```
USE stu
GRANT update(sno),select ON students.student TO u4
```

数据库安全性

（6）同样在新的空白查询窗口中输入以下 Transact-SQL 代码，把表 sc 的 insert 权限授予用户 u5，并允许将此权限再授予其他用户。

```
USE stu
GRANT insert ON students.sc TO u5 WITH GRANT OPTION
```

（7）在给角色授权时，其格式与给用户授权是一样的，只需将用户名改为角色名即可。如在新的空白查询窗口中输入以下 Transact-SQL 代码，可将查询 student 表的权限授给角色 r1。

```
USE stu
GRANT select ON students.student TO r1
```

执行以下步骤以使用 Transact-SQL 收回权限：

（1）在 SQL Server Management Studio 中，单击工具栏上的"新建查询"按钮。

（2）在新的空白查询窗口中输入以下 Transact-SQL 代码，收回用户 u2 对表 student 的修改权限。

```
USE stu
REVOKE update(sno) ON students.student FROM u2
```

（3）同样在新的空白查询窗口中输入以下 Transact-SQL 代码，收回所有用户对表 sc 的查询权限。

```
USE stu
REVOKE select ON students.sc FROM public
```

（4）同样在新的空白查询窗口中输入以下 Transact-SQL 代码，把用户 u5 对表 sc 的 insert 权限级联收回。

```
USE stu
REVOKE insert ON students.sc FROM u5 CASCADE
```

（5）在收回角色权限时，其格式与收回用户权限是一样的，只需将用户名改为角色名即可。如在新的空白查询窗口中输入以下 Transact-SQL 代码，可将查询 student 表的权限从角色 r1 收回。

```
USE stu
REVOKE select ON students1.student FROM r1
```

16.4　拓　展　练　习

对 stu 数据库实现以下操作：

（1）创建一个新的 SQL Server 登录名 wang，密码为 wang，默认数据库为 stu。

（2）将登录名为 wang 的登录密码修改为"wang1"。

（3）为 stu 数据库添加一个新的数据库用户，名称为 wang。

（4）在 stu 数据库中创建 newrole 新角色，并且将用户 wang 添加到该角色中。

（5）为 wang 用户授予 CREATE DATABASE 的权限。

（6）将创建表和创建视图的权限授予用户名为 wang 的用户。

（7）将对 student 表的查询权限授予用户名为 wang 和 zhang 的用户。

（8）将对 student 表的插入和删除的权限授予用户名为 zhang 的用户。

（9）将对 student 表的 sage 和 sdept 列的修改权限授予用户名为 zhang 的用户。

（10）从用户名为 wang 的用户收回创建表和创建视图的权限。

（11）从用户名为 wang 和 zhang 的用户收回对 student 表的查询权限。

实验 17 | 实现数据完整性（创建触发器）

17.1　目　　标

- 使用 SQL Server Management Studio 创建触发器。
- 使用 Transact-SQL 创建触发器。

17.2　背　景　知　识

触发器是一种特殊类型的存储过程,它在指定的表中的数据发生变化时自动生效,唤醒调用触发器以响应 INSERT、UPDATE 或 DELETE 语句。触发器可以查询其他表,并可以包含复杂的 Transact-SQL 语句。

触发器是在特定表上进行定义的,该表也称为触发器表。当有操作针对触发器表时,例如在表中插入、删除、更新数据时,如果该表有相应操作类型的触发器,那么触发器就自动触发执行。

触发器语句中可以使用两种特殊的表：deleted 表和 inserted 表。Microsoft SQL Server 自动创建和管理这些表,可以使用这两个临时驻留内存的表测试某些数据修改的效果及设置触发器操作的条件,但不能直接对表中的数据进行更改。

deleted 表用于存储 DELETE 的副本和 UPDATE 语句修改前所影响行的副本。在执行 DELETE 或 UPDATE 语句时,行从触发器表中删除,并传输到 deleted 表中。

inserted 表用于存储 INSERT 的副本和 UPDATE 语句所影响行的修改后的副本。在一个插入或更新事务处理中,新建行被同时添加到 inserted 表和触发器表中。inserted 表中的行是触发器表中新行的副本。

此实验要求：

(1) 了解数据库中各表的结构及其之间的关系,以创建触发器。

(2) 已完成实验 10,成功创建了数据库 stu 中的各个表。

(3) 了解创建和删除触发器的方法。

17.3　实　验　内　容

17.3.1　使用 SQL Server Management Studio 创建触发器

(1) 在"对象资源管理器"中,依次展开"数据库"、stu、"表",展开要建立触发器的表,如 student 表。

（2）右击"触发器"，然后从弹出的快捷菜单中选择"新建触发器"命令，在打开的模板代码窗口中修改或输入触发器脚本，如图 17-1 所示。

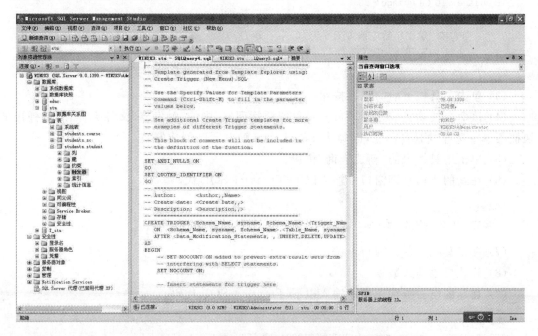

图 17-1　创建触发器

（3）触发器脚本编写完成后，单击"执行"按钮完成创建触发器。

17.3.2　使用 SQL Server Management Studio 修改、删除触发器

（1）在"对象资源管理器"中，依次展开"数据库"、stu、"表"，展开要修改或删除的触发器所在的表，如 student 表。

（2）展开"触发器"，然后右击要修改或删除的触发器，从弹出的快捷菜单中选择"编写触发器脚本为"或"修改"命令可以查看并修改触发器；选择"删除"命令能删除不需要的触发器；选择"禁用"或"启用"命令能控制触发器是否生效。

17.3.3　使用 Transact-SQL 创建触发器

（1）在 SQL Server Management Studio 中，单击工具栏上的"新建查询"按钮。

（2）在新的空白查询窗口中输入以下 Transact-SQL 代码，创建一个触发器，当对表 student 做 insert 和 update 操作时，会自动触发 TR_S_Age 触发器，保证学生年龄应该大于等于 10，并小于等于 50，否则取消该次插入或修改操作。

```
USE stu
GO
CREATE TRIGGER TR_S_Age ON students.student
FOR insert,update
AS
```

95

实验

17

实现数据完整性(创建触发器)

```
DECLARE @iAge INT
SELECT @iAge = sage FROM inserted
IF @iAge < 10 OR @iAge > 50
    BEGIN
        PRINT '学生年龄应该大于等于 10,小于等于 50'
        ROLLBACK TRANSACTION
    END
```

（3）单击工具栏上的"执行"按钮。

（4）该命令成功完成之后,右击"对象资源管理器"中的"触发器"文件夹,然后从弹出的快捷菜单中选择"刷新"命令,以确认 TR_S_Age 触发器已创建好。

（5）单击工具栏上的"新建查询"按钮。

（6）在新的空白查询窗口中输入以下 Transact-SQL 代码。

```
USE stu
INSERT INTO students.student VALUES('008','王红','女',20,'cs')
```

（7）在工具栏上单击"执行"按钮。

（8）确认可以插入数据。

（9）在新的空白查询窗口中输入以下 Transact-SQL 代码。

```
USE stu
INSERT INTO students.student VALUES('009','王英','女',8,'cs')
```

（10）在工具栏上单击"执行"按钮。

（11）确认引发触发器 TR_S_Age,取消该记录的插入。

（12）在 SQL Server Management Studio 中,单击工具栏上的"新建查询"按钮,再创建一个新触发器。

（13）在新的空白查询窗口中输入以下 Transact-SQL 代码,创建一个触发器,当删除 student 表中数据时,删除 sc 表与 student 表中记录学号相同的数据。

```
USE stu
GO
CREATE TRIGGER TR_S_SC ON students.student
INSTEAD OF delete
AS
BEGIN
    DELETE FROM students.sc WHERE sno IN(SELECT sno FROM deleted)
    DELETE FROM students.student WHERE sno IN(SELECT sno FROM deleted)
END
```

（14）单击工具栏上的"执行"按钮。

（15）该命令成功完成之后,右击"对象资源管理器"中的"触发器"文件夹,然后从弹出的快捷菜单中选择"刷新"命令,以确认 TR_S_SC 触发器已创建好。

（16）单击工具栏上的"新建查询"按钮。

（17）在新的空白查询窗口中输入以下 Transact-SQL 代码。

```
DELETE FROM students.student WHERE sno = '01'
```

（18）在工具栏上单击"执行"按钮。

（19）确认引发触发器 TR_S_SC，级联删除了 sc 表中的数据。

17.3.4 使用 Transact-SQL 修改触发器

（1）在 SQL Server Management Studio 中，单击工具栏上的"新建查询"按钮。

（2）在新的空白查询窗口中输入以下 Transact-SQL 代码，修改 TR_S_Age 触发器，当对表 student 做 insert 和 update 操作时，会自动触发 TR_S_Age 触发器，保证学生年龄应该大于等于 15，并小于等于 40，否则取消该次插入或修改操作。

```
USE stu
GO
ALTER TRIGGER students.TR_S_Age ON students.student
FOR insert,update
AS
DECLARE @iAge INT
SELECT @iAge = sage FROM inserted
IF @iAge < 15 OR @iAge > 40
    BEGIN
        PRINT '学生年龄应该大于等于15,小于等于40'
        ROLLBACK TRANSACTION
    END
```

（3）单击工具栏上的"执行"按钮。

（4）该命令成功完成之后，右击"对象资源管理器"中的"触发器"文件夹，然后从弹出的快捷菜单中选择"刷新"命令，以确认 TR_S_Age 触发器已被修改。

17.3.5 使用 Transact-SQL 删除触发器

（1）在 SQL Server Management Studio 中，单击工具栏上的"新建查询"按钮。

（2）在新的空白查询窗口中输入以下 Transact-SQL 代码，删除 TR_S_Age 触发器。

```
DROP TRIGGER students.TR_S_Age
```

（3）单击工具栏上的"执行"按钮。

（4）该命令成功完成之后，右击"对象资源管理器"中的"触发器"文件夹，然后从弹出的快捷菜单中选择"刷新"命令，以确认 TR_S_Age 触发器已被删除。

17.4 拓 展 练 习

（1）创建表 worker(number，name，sex，sage，department)，并自定义两个约束 U1 和 U2，其中 U1 规定 name 字段唯一，U2 规定 sage 字段的上限是 28。

（2）在 worker 表中插入一条合法记录。

（3）演示插入违反 U2 约束的例子，U2 规定元组的 sage 属性的值必须小于等于 28。

（4）去除 U2 约束。

（5）重新插入（3）中想要插入的数据，验证是否插入成功。

（6）为 worker 表建立触发器 T1，当插入或更新表中的数据时，保证所操作的记录的 sage 值大于 0。

（7）为 worker 表建立触发器 T2，禁止删除编号为"0001"的职工。

（8）worker 表中人员的编号是唯一且不可改变的，为 worker 表建立触发器 T3，实现更新中编号的不可改变性。

（9）为 worker 表建立触发器 T4，要求插入记录的 sage 值必须比表中已记录的最大 sage 值大。

实验 18 定义并使用域

18.1 目　　标

能够使用 PowerDesigner 在 CDM 中定义和使用域。

18.2 背 景 知 识

域定义了一个标准和数据结构,可以应用到多个实体的属性中,修改域将修改所有使用该域的属性,这样在修改模型时,将使数据特征标准化和模型一致化。CDM 中,定义域的时候主要设置三类信息:数据类型、长度及小数点精度,检查参数,业务规则。

18.3 实 验 内 容

在实验 2 中,实体 student 的属性 Ssex 是长度为 2 的定长字符串,并且取值只能是"男"或"女",而实体 teacher 的属性 Tsex 也如此。这种情况下,可以定义一个域 sex,其类型是长度为 2 的定长字符串,域的业务规则为取值只能是"男"或"女",将实体 student 的属性 Ssex、实体 teacher 的属性 Tsex 与域进行关联。

1. 打开概念数据模型 SIM

选择 File→Open 命令,打开实验 2 中创建的概念数据模型 SIM。

2. 打开 List of Domains 窗口

选择 Model→Domains 命令,出现 List of Domains 窗口,如图 18-1 所示。如果已经定义了域,则会显示出来。

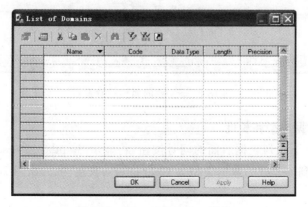

图 18-1　List of Domains 窗口

3. 创建一个域

单击工具栏上的 Add a Row 按钮 ▦，第一个空行开始处出现一个箭头，Name 和 Code 中都赋予了默认值。设置 Name 为 sex，Code 与 Name 相同即可，单击 Apply 按钮，确认新创建的域，如图 18-2 所示。

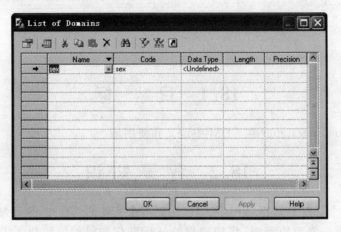

图 18-2　创建 sex 域

4. 打开域的属性设置窗口

选择 sex 域，单击工具栏上的 Properties 按钮 🖳，打开域的属性窗口，如图 18-3 所示。

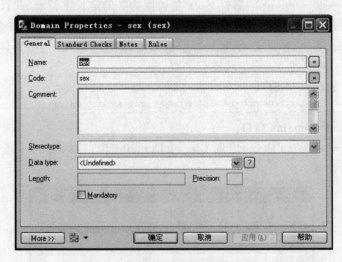

图 18-3　sex 域的属性设置窗口

5. 指定域的数据类型和长度

单击 Data type 下拉列表框后面的问号按钮，将显示 Standard Data Types 对话框，在该对话框中指定应用到 sex 域的数据类型为 Characters，长度为 2，如图 18-4 所示。然后单击 OK 按钮。

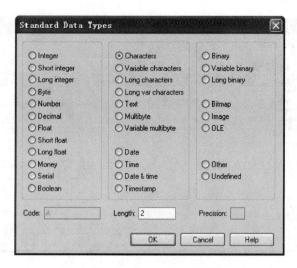

图 18-4　指定 sex 域的数据类型和长度

6. 设置业务规则

选择 Rules 选项卡,再单击工具栏上的 Create an Object 按钮 ，出现业务规则属性设置窗口,在 General 选项卡中设置 Name 为 sex_r。Code 与 Name 一致即可。在 Expression 选项卡中设置规则表达式,如图 18-5 所示。然后单击"确定"按钮。

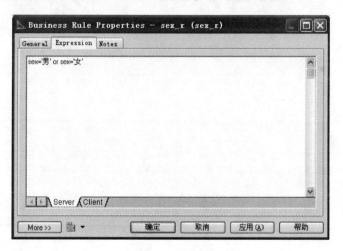

图 18-5　设置业务规则 sex_r 的属性

7. 在模型对象浏览区查看域

在模型对象浏览区展开 Domains 项,可以查看新建的 sex 域。

8. 实体属性关联到域

把实体属性关联到域上。在 CDM 中,双击实体 student,出现实体属性设置窗口,选择 Attributes 选项卡,单击 Ssex 所在行的 Domain 列,从下拉列表中选择 sex 域,单击"应用"按钮,这时,Ssex 所在行的 Data Type 和 Length 将显示 sex 域的相应特性值,并且变为灰色,如图 18-6 所示。

参照前面的操作,把实体 teacher 的 Tsex 关联到 sex 域上。

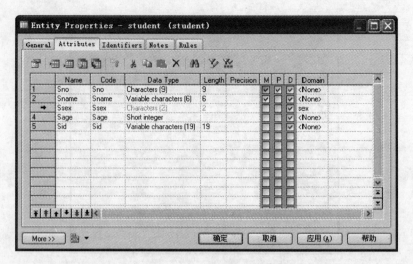

图 18-6　把实体 student 的 Ssex 关联到 sex 域上

　　把实体 student 的 Ssex、teacher 的 Tsex 关联到 sex 域上后，约束 Ssex_r 和 Tsex_r 就可以删除了。保存修改后的 CDM，然后转换为 PDM，与实验 3 中生成的 PDM 进行比较。

实验 19　　定义继承(概括)

19.1　目　　标

能够使用 PowerDesigner 在 CDM 中定义和使用继承。

19.2　背 景 知 识

继承(概括)用来定义类型之间的一种子集关系,它抽象了类型之间的 is subset of 语义。

19.3　实 验 内 容

学生是一个实体型,本科生、研究生也是实体型。本科生、研究生均是学生的子集,学生为超类,本科生、研究生为学生的子类。本科生、研究生继承了学生类型的属性,并可以增加自己的特殊属性。学生实体型的属性有学号、姓名、性别、出生日期、院系和专业,学号为主键。本科生实体型的特殊属性有班级;研究生实体型的特殊属性有研究方向、导师。使用PowerDesigner 在 CDM 中定义和使用继承。

1. 创建实体型

参照实验 2,新建一个 CDM,命名为 student;创建三个实体型,分别命名为 student、u_student 和 postgraduate,依次代表学生、本科生和研究生实体型,如图 19-1～图 19-3 所示。

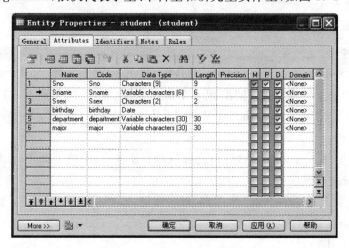

图 19-1　创建 student 实体型

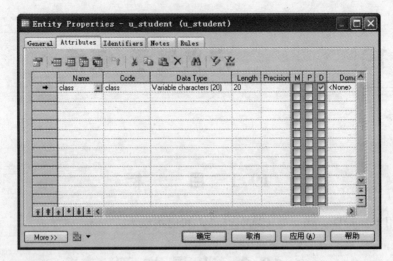

图 19-2　创建 u_student 实体型

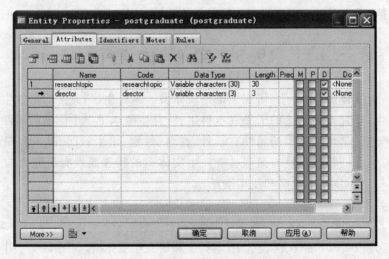

图 19-3　创建 postgraduate 实体型

2. 创建继承

单击设计元素面板上的 Inheritance 工具 ，将光标置于实体 postgraduate，然后把光标拖动到 student 上，在两个实体间出现一个继承联系，如图 19-4 所示。继承联系在中间有一个半圆和一个指向实体 student 的箭头，表示 student 为父实体，postgraduate 为子实体。

将光标置于实体 u_student，然后把光标拖动到图 19-4 中的半圆上，如图 19-5 所示。

3. 设置继承的属性

单击设计元素面板上的 Pointer 工具，双击半圆，出现继承的属性设置窗口。

（1）在 General 选项卡中，设置 Name 为 different_student，Code 与 Name 一致即可。确认 Parent 为 student。

（2）选择 Children 选项卡，确认 Child Entity 为 postgraduate 和 u_student。

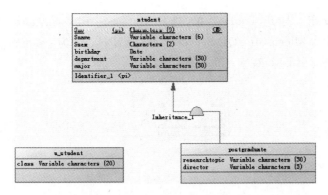

图 19-4　student 与 postgraduate 之间的继承联系

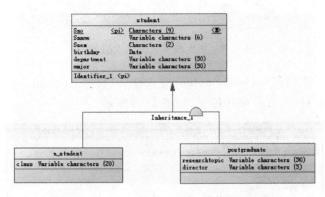

图 19-5　student 与 u_student 之间的继承联系

（3）选择 Generation 选项卡，设置生成模式。生成模式定义了继承的物理实现，即描述了继承联系中的哪个（些）实体到 PDM 中应该生成相应的表。Generate parent 表明父实体将生成相应的表，Generate children 表明子实体将生成相应的表。下面分别设置为三种不同的方式，并转换为 PDM，观察 PDM 中表的结构。

① 生成模式 1：选择 Generate parent 复选框，同时选择 Generate children 复选框，并进一步选择 Inherit only primary attributes 单选按钮，如图 19-6 所示。

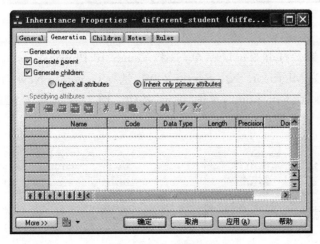

图 19-6　生成模式 1

定义继承(概括)

单击"确定"按钮。打开 Tools 菜单,选择 Generate Physical Data Model 命令,创建 PDM,设置 DBMS 为 Microsoft SQL Server 2005,设置 Name 为 student_pdm1,单击"确定"按钮。图 19-7 显示了 PDM,观察三个表的结构。

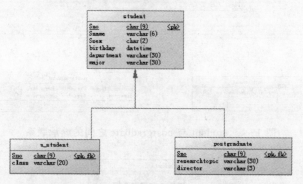

图 19-7　由生成模式 1 生成的 PDM

② 生成模式 2:不选择 Generate parent 复选框,只选择 Generate children 复选框,并进一步选择 Inherit all attributes 单选按钮,如图 19-8 所示。

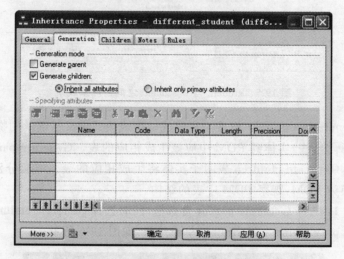

图 19-8　生成模式 2

单击"确定"按钮。打开 Tools 菜单,选择 Generate Physical Data Model 命令,创建 PDM,设置 DBMS 为 Microsoft SQL Server 2005;选择 Generate New Physical Data Model 命令,设置 Name 为 student_pdm2,单击"确定"按钮。图 19-9 显示了 PDM 图,观察两个表的结构,并与生成模式 1 进行对比。

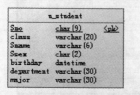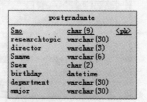

图 19-9　由生成模式 2 生成的 PDM

③ 生成模式 3：选择 Generate parent 复选框，不选择 Generate children 复选框，在 Specifying attributes 下面的属性列表中添加一个属性，Name 为 tag，Code 与 Name 一致即可，类型为 Short integer，如图 19-10 所示。这种情况下，只生成一个表，而 tag 的作用是区分每个子实体的实例。Specifying attributes 只有在选择 Generate parent 复选框后，才能进一步设置。

单击"确定"按钮。打开 Tools 菜单，选择 Generate Physical Data Model 命令，创建 PDM，设置 DBMS 为 Microsoft SQL Server 2005；选择 Generate New Physical Data Model 命令，设置 Name 为 student_pdm3，单击"确定"按钮。图 19-11 显示了 PDM 图，只有一个表，观察表的结构，并与生成模式 1、2 进行对比。

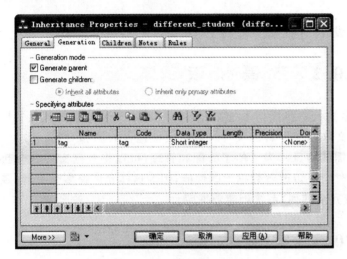

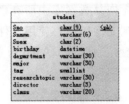

图 19-10　生成模式 3　　　　　　　　图 19-11　由生成模式 3
　　　　　　　　　　　　　　　　　　　　　　生成的 PDM

定义继承（概括）

数据库的文件与文件组

20.1 目　　标

能够合理地进行数据库物理设计并确定数据库的存储结构。

20.2 背 景 知 识

SQL Server 2005 将数据库映射为一组操作系统文件,每个 SQL Server 数据库至少具有两个操作系统文件:一个数据文件和一个日志文件。数据文件包含数据和对象,日志文件包含恢复数据库中所有事务所需的信息。为了便于分配和管理,可以将数据文件集合起来放到文件组中。使用文件和文件组可以改善数据库的性能,因为这样允许跨多个磁盘、多个磁盘控制器或 RAID(独立磁盘冗余阵列)系统创建数据库。

20.3 实 验 内 容

1. 了解数据库文件和文件组

文件:SQL Server 2005 数据库具有三种类型的文件,如表 20-1 所示。

表 20-1　SQL Server 2005 数据库的文件类型

文　　件	说　　明
主要文件/主文件	主要数据文件包含数据库的启动信息,并指向数据库中的其他文件。用户数据和对象可存储在此文件中,也可以存储在次要数据文件中。每个数据库必须而且只能有一个主要数据文件。主要数据文件的建议文件扩展名是.mdf
次要文件/辅助文件	次要数据文件是可选的,由用户定义并存储用户数据。通过将每个文件放在不同的磁盘驱动器上,次要文件可用于将数据分散到多个磁盘上。另外,如果数据库超过了单个 Windows 文件的最大大小,可以使用次要数据文件,这样数据库就能继续增长。次要数据文件的建议文件扩展名是.ndf
事务日志	事务日志文件保存用于恢复数据库的日志信息。每个数据库必须至少有一个日志文件。事务日志的建议文件扩展名是.ldf

文件组:SQL Server 2005 数据库具有两种类型的文件组,如表 20-2 所示。每个数据库必须而且只能有一个主要文件组。此文件组包含主要数据文件和未放入其他文件组的所

有次要文件。可以创建用户定义的文件组，用于将数据文件集合起来，以便于管理、数据分配和放置。

表 20-2　SQL Server 2005 数据库的文件组类型

文　　件	说　　明
主要文件组	包含主要文件的文件组。所有系统表都被分配到主要文件组中
用户定义文件组	用户首次创建数据库或以后修改数据库时明确创建的任何文件组

默认文件组：如果在数据库中创建对象时没有指定对象所属的文件组，对象将被分配给默认文件组。不管何时，只能将一个文件组指定为默认文件组。默认文件组中的文件必须足够大，能够容纳未分配给其他文件组的所有新对象。PRIMARY 文件组是默认文件组。可以使用 ALTER DATABASE 语句更改默认文件组，但系统对象和表仍然分配给 PRIMARY 文件组，而不是新的默认文件组。

2. 创建包含多个文件、文件组的数据库

创建数据库，数据库名称为 mydb，主文件逻辑名称采用默认值，即 mydb，主文件物理名称以及位置也采用默认值，一般为 C:\Program Files\Microsoft SQL Server\MSSQL.1\MSSQL\DATA\mydb.mdf。分别在两个磁盘驱动器上创建文件 Data1.ndf 和 Data2.ndf，然后将它们分配给文件组 FG_1。接下来，可以明确地在文件组 FG_1 上创建一个表，那么对表中数据的查询将分散到两个磁盘上，从而提高性能。具体实现过程如下：

进入"新建数据库"窗口，设置数据库名称为 mydb，主文件和日志文件相关属性默认即可，如图 20-1 所示。

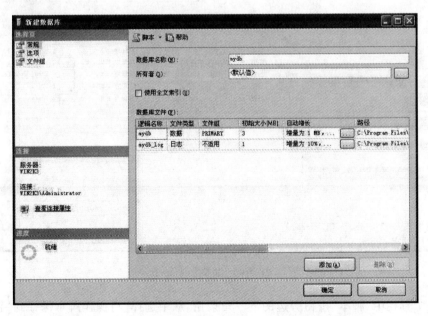

图 20-1　设置数据库名称以及主文件、日志文件相关属性

接下来单击"添加"按钮，增加一个数据文件，逻辑名称为 Data1，路径为 D:\Data，默认物理文件名为 Data1.ndf。该文件所属文件组为默认的 PRIMARY，单击 PRIMARY，则出

数据库的文件与文件组

现下拉列表框,在下拉列表中选择"＜新文件组＞"选项,则出现新建文件组对话框,如图 20-2 所示。设置新文件组名称为 FG_1,单击"确定"按钮。

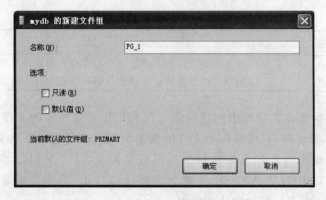

图 20-2　设置新文件组的名称

接下来单击"添加"按钮,再增加一个数据文件,逻辑名称为 Data2,路径为 E:\Data,默认物理文件名为 Data2.ndf。该文件所属文件组也是默认的 PRIMARY,单击 PRIMARY,则出现下拉列表框,在下拉列表中选择 FG_1 选项。设置完毕后,如图 20-3 所示。

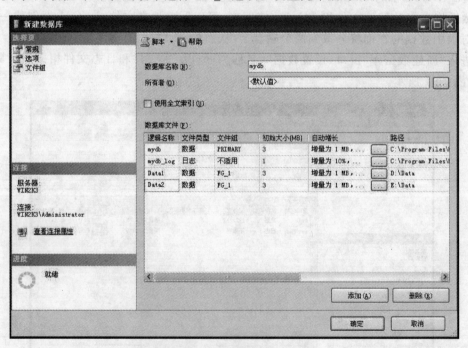

图 20-3　次要文件设置

单击工具栏中"脚本"按钮旁边的下三角按钮,从中选择"将操作脚本保存到'新建查询'窗口"选项,则对应的 SQL 语句和命令将出现在 Management Studio 的查询编辑器中,其中 CREATE DATABASE 语句如下所示:

```
CREATE DATABASE [mydb]
ON PRIMARY
```

```
(NAME = N'mydb', FILENAME = N'C:\Program Files\Microsoft SQL Server\MSSQL.1\MSSQL\DATA\
        mydb.mdf', SIZE = 3072KB, FILEGROWTH = 1024KB),FILEGROUP [FG_1]
  (NAME = N'Data1.ndf', FILENAME = N'D:\Data\Data1.ndf.ndf', SIZE = 3072KB, FILEGROWTH =
        1024KB)
  (NAME = N'Data2.ndf', FILENAME = N'E:\Data\Data2.ndf.ndf', SIZE = 3072KB, FILEGROWTH =
        1024KB)
LOG ON
  (NAME = N'mydb_log', FILENAME = N'C:\Program Files\Microsoft SQL Server\MSSQL.1\MSSQL\DATA\
        mydb_log.ldf', SIZE = 1024KB, FILEGROWTH = 10%)
```

单击"新建数据库"窗口的"确定"按钮,完成数据库的创建。

3. 在文件组 FG_1 上创建表

新建一个表,选择"视图"→"属性"命令,在打开的"属性"窗口设置"Text/Image 文件组"和
"文件组或分区方案名称"均为 FG_1,然后指定表的属性
及类型并保存即可,如图 20-4 所示。

4. 建议

下面是使用文件和文件组时的一些一般建议:

(1) 大多数数据库在只有单个数据文件和单个事
务日志文件的情况下性能良好。

(2) 如果使用多个文件,则为附加文件创建第二个
文件组,并将其设置为默认文件组,这样,主文件将只
包含系统表和对象。

(3) 若要使性能最大化,则在尽可能多的不同的可
用本地物理磁盘上创建文件或文件组。将争夺空间最
激烈的对象置于不同的文件组中。

(4) 使用文件组将对象放置在特定的物理磁盘上。

(5) 将在同一连接查询中使用的不同表置于不同
的文件组中,由于采用并行磁盘 I/O 对连接数据进行
搜索,因此性能将得以改善。

图 20-4　在文件组 FG_1 上创建表

(6) 将最常访问的表和属于这些表的非聚集索引置于不同的文件组中,如果文件位于
不同的物理磁盘上,由于采用并行 I/O,因此性能将得以改善。

(7) 请勿将事务日志文件置于其中已有其他文件和文件组的物理磁盘上。

数据库的文件与文件组

实验 21 分 区 表

21.1 目   标

能够创建和使用分区表。

21.2 背 景 知 识

对关系模式进行必要的分解可以提高数据操作的效率和存储空间的利用率。常用的分解方法有水平分解和垂直分解,创建分区表可以实现水平分解。本实验在 AdventureWorks 数据库中创建分区表。

SQL Server 2005 中创建分区表的步骤是:

(1) 给数据库添加多个新的文件和文件组。

(2) 创建分区函数。

(3) 创建分区 Scheme。

(4) 创建分区表。

说明:只有 SQL Server 2005 企业版支持分区表。

21.3 实 验 内 容

1. 添加多个新的文件和文件组

给 AdventureWorks 数据库添加两个文件组:FG_I_M 和 FG_N_Z。创建数据文件 File_I_M 到文件组 FG_I_M 中,创建数据文件 File_N_Z 到文件组 FG_N_Z 中,SQL 语句和命令如下所示,在 Management Studio 中新建查询,并执行这段代码(也可以打开 AdventureWorks 数据库属性窗口,进行可视化操作)。

```
USE Master
ALTER DATABASE AdventureWorks ADD FILEGROUP FG_I_M
GO
ALTER DATABASE AdventureWorks
ADD FILE
(
NAME = N'File_I_M',FileName = 'D:\DATA\File_I_M.ndf'
)
TO FILEGROUP FG_I_M
```

```
GO

ALTER DATABASE AdventureWorks ADD FILEGROUP FG_N_Z
GO
ALTER DATABASE AdventureWorks
ADD FILE
(
NAME = N'File_N_Z',FileName = 'E:\DATA\File_N_Z.ndf'
)
TO FILEGROUP FG_N_Z
GO
```

2. 创建分区函数

下面的分区函数可以获得三个分区：'A'～'H'、'I'～'M'、'N'～'Z'。

```
USE AdventureWorks
CREATE PARTITION FUNCTION StaffNameRangePFN(varchar(100))
AS
RANGE LEFT FOR VALUES ('H','M')
GO
```

3. 创建分区 Scheme

下面的分区方案将分区函数 StaffNameRangePFN 产生的三个分区依次存储于三个文件组：PRIMARY、FG_I_M 和 FG_N_Z。

```
USE AdventureWorks
CREATE PARTITION SCHEME StaffNamePScheme
AS
PARTITION StaffNameRangePFN
TO ([PRIMARY], FG_I_M, FG_N_Z)
GO
```

4. 创建分区表

创建分区表 Staff,在属性 StaffName 上依据分区方案 StaffNamePScheme 进行分区。

```
USE AdventureWorks
IF OBJECT_ID (N'Staff') IS NOT NULL
DROP TABLE dbo.Staff;
CREATE TABLE [dbo].[Staff]
(
[StaffName] [varchar](100) NOT NULL
)
ON StaffNamePScheme ([StaffName])
GO
CREATE CLUSTERED INDEX IX_StaffName ON [Staff]([StaffName])
GO
```

说明：创建分区表的各个步骤也可以进行可视化操作。

5. 插入一些测试数据

```
INSERT INTO [dbo].[Staff]
SELECT FirstName FROM AdventureWorks.Person.Contact
```

6. 查看数据分布情况

运行下面的代码,看看数据的分布情况,三个分区的数据量都差不多。

```
SELECT
    $ partition.StaffNameRangePFN(StaffName) AS [Partition Number],
    MIN(StaffName) AS [Min StaffName],
    MAX(StaffName) AS [Max StaffName],
    COUNT(StaffName) AS [Rows In Partition]
FROM dbo.Staff AS o
GROUP BY $ partition.StaffNameRangePFN(StaffName)
ORDER BY [Partition Number]
```

实验 22 | 索引的作用和使用原则

22.1 目 标

- 理解索引的作用。
- 掌握索引的使用原则。
- 合理应用索引。

22.2 背 景 知 识

索引包含从表或视图中一个或多个列生成的键,以及映射到指定数据的存储位置的指针。索引可以减少为返回查询结果集而需要读取的数据量,因此,创建设计良好的索引可以显著提高数据库查询和应用程序的性能。

22.3 实 验 内 容

1. 认识索引

索引包含由表或视图中的一列或多列生成的键,这些键存储在一个结构(B树)中,使DBMS可以快速有效地查找与键值关联的行。索引可以粗分为两大类:聚集索引和非聚集索引。

SQL Server 2005 中索引类型细分为如下 7 类:

(1)聚集索引:聚集索引基于聚集索引键值按顺序排序和存储表或视图中的数据行。聚集索引按 B 树索引结构实现。

(2)非聚集索引:非聚集索引中的每个索引行都包含非聚集键值和行定位符。此定位符指向聚集索引或堆中包含该键值的数据行。

(3)唯一索引:唯一索引确保索引键值不包含重复的值。聚集索引和非聚集索引都可以是唯一索引。

(4)包含性列索引:一种非聚集索引,它扩展后不仅包含键列,还包含非键列。

(5)索引视图:视图的索引将具体化(执行)视图,并将结果集永久存储在唯一的聚集索引中,而且其存储方法与带聚集索引的表的存储方法相同。创建聚集索引后,可以为视图添加非聚集索引。

(6)全文索引:一种特殊类型的基于标记的功能性索引,由 SQL Server 全文引擎(MSFTESQL)服务创建和维护。用于帮助在字符串数据中搜索复杂的词。

（7）XML 索引：在 XML 数据类型列中，XML 二进制大型对象已拆分持久表示形式。

说明： 只要求掌握前三类。

2. 索引的作用

SQL Server 2005 中的查询优化器可在大多数情况下可靠地选择最高效的索引以提高查询性能。总体索引设计策略应为查询优化器提供可供选择的多个索引，并依赖查询优化器做出正确的决定。可以查看查询优化器对特定查询使用的索引。

（1）新建一个查询，然后在 Management Studio 的菜单栏中选择"查询"→"包括实际的执行计划"命令。执行下面的 SQL 语句：

```
USE AdventureWorks
SELECT p. Name AS ProductName,
   NonDiscountSales = (OrderQty * UnitPrice),
   Discounts = ((OrderQty * UnitPrice) * UnitPriceDiscount)
FROM Production. Product p INNER JOIN Sales. SalesOrderDetail sod ON p. ProductID =
   sod. ProductID
ORDER BY ProductName DESC;
```

（2）执行完毕后，单击下方的 执行计划 按钮，可以查看该查询的执行方案，如图 22-1 所示。可以把鼠标移动到某一项上，将显示详细信息。同时，请查看该查询执行所用的时间。

图 22-1 执行方案

（3）再新建一个查询，执行以下代码，创建一个索引。

```
USE AdventureWorks
CREATE NONCLUSTERED INDEX IX_SalesOrderDetail_ProductID_UnitPrice ON Sales. SalesOrderDetail
(
   ProductID ASC,
   UnitPrice ASC
)
INCLUDE(OrderQty,UnitPriceDiscount) WITH (SORT_IN_TEMPDB = OFF, DROP_EXISTING = OFF, IGNORE_
DUP_KEY = OFF, ONLINE = OFF) ON [PRIMARY]
```

（4）索引创建成功后，再一次执行前面的查询语句。执行完毕后，单击下方的 执行计划 按钮，可以看到这一次该查询的执行方案与创建索引之前是不同的，如图 22-2 所示，查询优化器使用了新建的索引。同时，请查看该查询执行所用的时间，比创建索引前少了，查询的性能更好了。

3. 使用索引的原则

了解数据库、查询和数据列的特征将有助于设计出最佳索引。设计索引时，应考虑以下数据库准则：

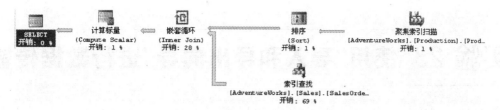

图 22-2　创建索引后的执行方案

（1）对于一个表，如果建有大量索引会影响 INSERT、UPDATE 和 DELETE 语句的性能，因为表中的数据更改时，所有索引都需进行适当地调整。因此，对经常更新的表不要过多地创建索引，并且索引应保持较窄，即列要尽可能少。

（2）大量索引可以提高查询的性能，因为查询优化器有更多的索引可供选择，从而可以确定最快的访问方法。因此，对于更新少但经常进行量大数据查询的表，建议使用多个索引。

（3）对小表进行索引可能不会产生优化效果，因为查询优化器在遍历用于搜索数据的索引时，花费的时间可能比执行简单的表扫描还长。

（4）为经常用于查询中的谓词和连接条件的所有列创建非聚集索引。

（5）对于聚集索引，应保持较短的索引键长度。在具有唯一性或非空的列上创建聚集索引效果会比较好。

（6）不能将 ntext、text、image、varchar(max)、nvarchar(max) 和 varbinary(max) 数据类型的列指定为索引键列。

（7）如果索引包含很多列，则应该考虑列的顺序。

（8）可以使用数据库引擎优化顾问来分析数据库并生成索引建议。

索引的作用和使用原则

实验 23 | 使用"导入和导出向导"进行数据传输

23.1 目　　标

能够使用"导入和导出向导"进行数据导入、导出。

23.2 背 景 知 识

导入与导出是相对的,也就是说导入能完成导出功能,导出也能完成导入功能,关键在于指定什么样的数据源与目标。SQL Server 2005 的"导入和导出向导"只能完成一部分类型的数据源和目标之间的数据传输。

23.3 实 验 内 容

将 AdventureWorks 数据库中的 HumanResources. Employee 表导入到 mydb 数据库中。

1. 启动"导入和导出向导"

在 Management Studio 的"对象资源管理器"中,右击 AdventureWorks 数据库,在弹出的快捷菜单中选择"任务"→"导出数据"命令,将出现"SQL Server 导入和导出向导"界面。单击"下一步"按钮,进入"选择数据源"对话框,如图 23-1 所示。

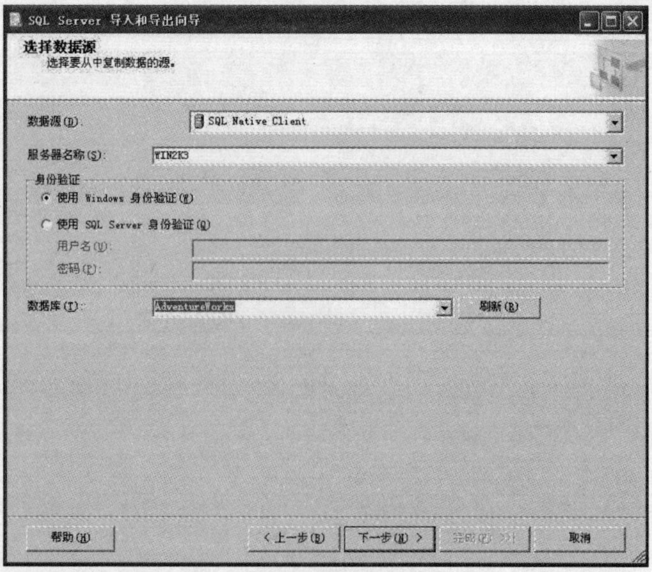

图 23-1　选择数据源

2. 选择数据源

在"选择数据源"对话框中,先要在"数据源"下拉列表中选择某种数据源,其中 SQL Native Client 及 OLE DB Provider for SQL Server 都是连接 SQL Server 的数据源的提供程序。接下来,在数据源的信息区设置其他属性,如服务器名称、身份验证和数据库等。要注意的是当选择不同数据源时,数据源的信息区会有不同的待设置内容。对于本实验,一切为默认即可。

3. 选择目标

选择数据源后单击"下一步"按钮,出现"选择目标"对话框,选择数据要复制到的目的地。可根据实际情况选择所需目的地,并设置目的地的相关信息。对于本实验,目的地选择 SQL Native Client,服务器名称为 WIN2K3(根据实际情况自定义),身份验证为"使用 Windows 身份验证",数据库为 mydb,如图 23-2 所示。

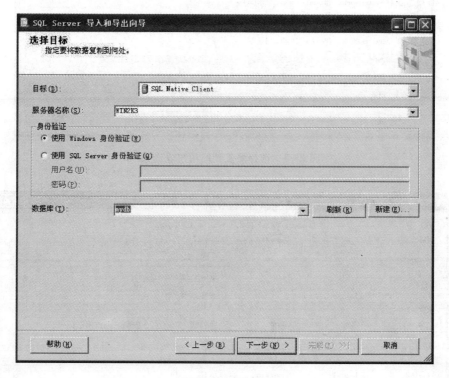

图 23-2　选择目标

4. 指定表复制或查询复制

指定好目的地后,单击"下一步"按钮,接下来选择是对表还是对视图进行复制,本实验选择"复制一个或多个表或视图的数据"。单击"下一步"按钮,显示出了数据源的所有用户表和视图,选中要复制的表或视图左边的复选框,本实验选中 AdventureWorks. HumanResources. Employee,如图 23-3 所示。

单击后面的"编辑"按钮,出现"列映射"对话框,可以修改复制到目标数据库中的表的列属性,包括列名、列的数据类型等,如图 23-4 所示。本实验不做修改。

使用"导入和导出向导"进行数据传输

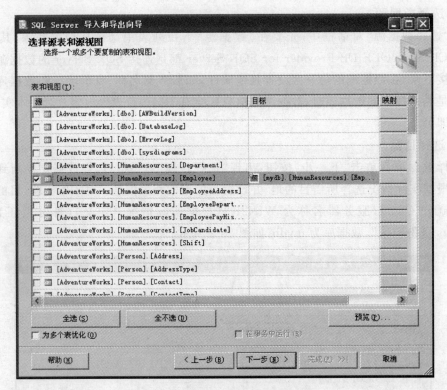

图 23-3　选择要复制的用户表或视图

图 23-4　修改复制到目标数据库中的表的列属性

5. 保存并执行包

单击图 23-4 中的"确定"按钮,回到"指定表复制或查询复制"对话框,单击"下一步"按钮,出现"保存并执行包"对话框,决定是否"立即执行"、是否"保存 SSIS 包"供以后执行,选定后单击"下一步"按钮,出现"完成该向导"对话框,单击"完成"按钮,从数据源到数据目的地的表或视图的复制开始了。如果正常完成复制,将显示"执行成功"对话框,最后单击"关闭"按钮结束导出过程。查看 mydb,可以看到已经存在的表 HumanResources.Employee 了。

说明:导入与导出数据的过程是类似的,只是数据源与数据目的地的指定不同,即数据复制的方向不同,导入往往是指从其他数据源复制到本数据库(作为数据目的地),导出往往是指从本数据库(作为数据源)复制到其他数据目的地。在数据源与数据目的地均指定非 SQL Server 数据库时,导入或导出还能实现非 SQL Server 数据源间的数据复制,如 Access 数据库间,Access 数据库与 Excel 数据表间等的数据复制。

使用"导入和导出向导"进行数据传输

实验 24　使用"SSIS 包"进行数据传输

24.1　目　　标

能够使用"SSIS 包"进行数据导入、导出。

24.2　背 景 知 识

在 SQL Server Business Intelligence Development Studio 中创建和执行 SSIS 包,可以进行数据导入导出,该功能非常强大,可以完成"导入和导出向导"不支持的数据源之间的数据传输,例如 SQL Server 和 MySql 之间的数据传输。

24.3　实 验 内 容

将 AdventureWorks 数据库中的 HumanResources. Employee 表导入到文本文件中。

1. 创建 SSIS 项目

启动 SQL Server Business Intelligence Development Studio:选择"开始"→"所有程序"→ Microsoft SQL Server 2005→SQL Server Business Intelligence Development Studio 命令。启动后,选择"文件"→"新建"→"项目"命令。在"新建项目"对话框中,对于模板,选择 "Integration Services 项目",设置项目名称和存储位置,取消对"创建解决方案的目录"复选框的勾选。

2. 为 AdventureWorks 数据库创建数据源

在"解决方案资源管理器"(如果没打开,则选择"视图"→"解决方案资源管理器"命令)中,右击"数据源",然后从弹出的快捷菜单中选择"新建数据源"命令,将出现"欢迎使用数据源向导"界面,单击"下一步"按钮。在"选择如何定义连接"界面中,单击"新建"按钮,出现"连接管理器"对话框,如图 24-1 所示。设置提供程序为"本机 OLE DB\SQL Native Client",设置服务器名(根据实际情况进行设置)和身份验证方式,然后选择 AdventureWorks 数据库,单击"确定"按钮。接下来单击"下一步"按钮,在"完成向导"对话框中的"数据源名称"文本框中输入"myAdventureWorks",然后单击"完成"按钮。

图 24-1　设置数据源的连接属性

3. 为 myAdventureWorks 数据源创建连接管理器

在"连接管理器"选项卡内右击,从弹出的快捷菜单中选择"从数据源新建连接"命令。在"可用数据源"下拉列表中选择 myAdventureWorks,然后单击"确定"按钮。

4. 创建数据流任务

(1) 选择设计器的"控制流"选项卡。从"工具箱"(如果没有,选择"视图"→"工具箱"命令)将"数据流任务"拖动至设计器工作区域。

(2) 选择"数据流"选项卡,将"OLE DB 源"从"工具箱"的"数据流源"部分拖动至设计器工作区域。右击"OLE DB 源",从弹出的快捷菜单中选择"编辑"命令,在"OLE DB 源编辑器"对话框中指定 OLE DB 连接管理器为 myAdventureWorks,数据访问模式为"表或视图",选择 HumanResources. Employee 表。

(3) 将"平面文件目标"从"工具箱"的"数据流目标"部分拖动至设计器工作区域。选择"OLE DB 源",然后将绿色的连接拖动至"平面文件目标",如图 24-2 所示。右击"平面文件目标",从弹出的快捷菜单中选择"编辑"命令,出现"平面文件目标编辑器"界面,单击"新建"按钮,选择"带分隔符",然后单击"确定"按钮。在"文件名"文本框中输入"D:\Democode\Employee. txt",然后单击"确定"按钮。在"平面文件目标编辑器"界面可以单击"映射"按钮以确保列映射正确,然后单击"确定"按钮。

5. 运行包并查看结果数据

选择"调试"→"启动调试"命令以运行导出操作。打开 D:\Democode\Employee. txt,然后确保数据已正确导出。关闭"记事本"和 SQL Server Business Intelligence Studio。

使用"SSIS 包"进行数据传输

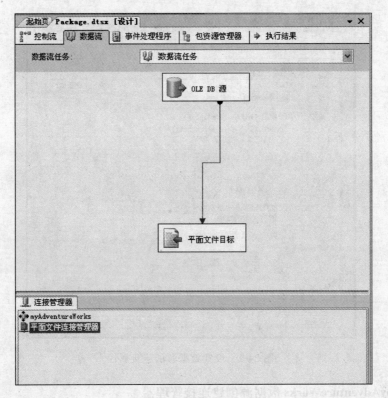

图 24-2 创建数据流任务

说明：通过选择相应的数据流源和数据流目标，可以在不同类型的数据源之间进行数据传输。

实验 25　使用数据库引擎优化顾问提高查询处理的性能

25.1　目　　标

掌握使用数据库引擎优化顾问为数据库中的特定查询生成索引策略建议。

25.2　背　景　知　识

数据库引擎优化顾问是 SQL Server 2005 中的新工具,使用该工具可以优化数据库,提高查询处理的性能。数据库引擎优化顾问检查指定数据库中处理查询的方式,然后建议如何通过修改物理设计结构(例如索引、索引视图和分区)来改善查询处理性能。数据库引擎优化顾问提供两个用户界面:图形用户界面(GUI)和 dta 命令提示实用工具。使用 GUI 可以方便快捷地查看优化会话结果,而使用 dta 实用工具则可以轻松地将数据库引擎优化顾问功能并入脚本中,从而实现自动优化。此外,数据库引擎优化顾问可以接受 XML 输入,该输入可对优化过程进行更多控制。

25.3　实　验　内　容

使用数据库引擎优化顾问为数据库 AdventureWorks 中的特定查询生成提升查询性能的建议,应用建议从而提升查询性能。需要优化的特定查询如下:

```
USE AdventureWorks
SELECT Production. Product. Name,
Production. Product. ProductNumber,
Production. ProductModel. Name as ModelName,
Production. ProductInventory. LocationID,
Production. ProductInventory. Shelf,
Production. ProductInventory. Bin,
Production. ProductCostHistory. StartDate,
Production. ProductCostHistory. EndDate,
Production. ProductCostHistory. StandardCost
FROM Production. Product
INNER JOIN Production. ProductCostHistory
ON Production. Product. ProductID = Production. ProductCostHistory. ProductID
INNER JOIN Production. ProductInventory
ON Production. Product. ProductID = Production. ProductInventory. ProductID
INNER JOIN Production. ProductModel
```

ON Production.Product.ProductModelID = Production.ProductModel.ProductModelID
WHERE Production.ProductInventory.LocationID in(60)
ORDER BY Production.Product.Name

1. 优化前执行查询

在 Microsoft SQL Server Management Studio 中执行该查询并查看执行计划,如图 25-1 所示。可以看到,一些表使用了索引扫描操作,只有一张表(表 ProductCostHistory)使用了索引查找。索引调优的基本目的是减少扫描的数量,而多使用查找。

图 25-1 优化前执行该查询的执行计划

2. 检测查询并给出提升性能的建议

(1) 把上面的查询保存到文件 D:\Democode\ProductsByLocation.sql 中。

(2) 启动数据库引擎优化顾问:选择"开始"→"程序"→Microsoft SQL Server 2005→"性能工具"→"数据库引擎优化顾问"命令。在"连接到服务器"对话框中进行设置并单击"连接"按钮,连接到服务器。

(3) 主窗口打开了,左边的"会话监视器"窗口中显示了已连接的 SQL Server 实例,在右边选择"常规"选项卡。在"常规"选项卡中,在"工作负荷"选项区域选择"文件"单选按钮,并选择包含所希望调优的 SQL 查询的文件,本例中是 D:\Democode\ProductsByLocation.sql。在"选择要优化的数据库和表"选项区域选中数据库 AdventureWorks 左边的复选框,以选择需要生成调优建议的数据库,如图 25-2 所示。

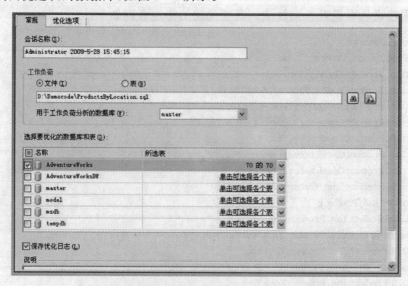

图 25-2 数据库引擎优化顾问的"常规"选项卡设置

（4）选择"优化选项"选项卡，将显示用于估计负荷的更多选项。可以设置估计工作负荷需要的最大时间，也可以指定需要给出调优建议的物理设计结构（在这个示例中，使用默认的索引就可以了），是否给出分区策略的调优建议以及所有既有的对象（索引、索引视图），是否仍然保存在数据库中等。

（5）选择"操作"菜单，单击"开始分析"按钮开始分析操作。这将打开一个"进度"界面。

（6）分析完成后，会增加两个选项卡："建议"选项卡和"报告"选项卡。"建议"选项卡包含用来提升查询性能的建议列表，如图 25-3 所示，屏幕的顶端显示估计的查询性能提升为 22%。数据库引擎优化顾问在索引建议区域推荐创建两个新索引和一个统计信息，在这里可以看到索引要增加到哪一张表上以及哪一列上，索引的大小单位是 KB。"报告"选项卡显示了调优统计信息的摘要。

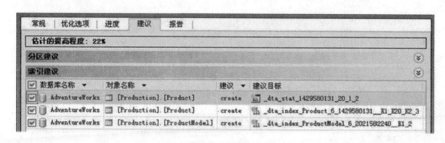

图 25-3　查看建议

3. 应用建议

选择"建议"选项卡，打开"操作"菜单，选择"应用建议"→"立即应用"命令，并单击"确定"按钮。在 Microsoft SQL Server Management Studio 的"对象资源管理器"中查看新创建的索引和统计信息。在 Microsoft SQL Server Management Studio 中重新执行查询并查看执行计划，可以看到，现在有两张表（原来只有一张表）使用了索引查找操作，如图 25-4 所示。

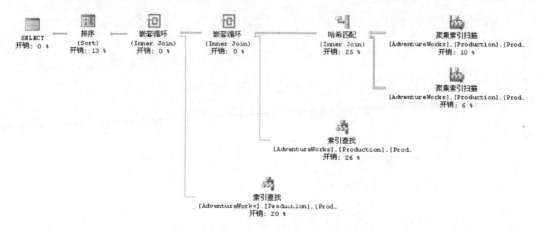

图 25-4　应用了调优建议后的执行计划

观察查询执行所需时间，会发现通过创建索引节省的时间相对于新增索引所增加的磁盘空间和数据库修改负载来说是值得的。

使用数据库引擎优化顾问提高查询处理的性能

4. 注意事项

使用数据库引擎优化顾问可以获得针对某个或某些查询的调优建议,这其实是在"快速的查询时间"与"磁盘空间和数据修改负载"之间做抉择。获得针对某个或某些查询的调优建议后,应该考虑测试新加入的索引对既有查询的执行时间造成的影响。另外,可以只在 SQL Server 实例出现性能问题的时候调优数据库,这是因为数据库引擎优化顾问在分析工作负荷过程中会消耗大量的 CPU 和内存资源,为了减少不必要的工作负荷,确认要在"优化选项"选项卡中删除那些不希望进行调优的对象类型。

实验 26 了解并应用 T-SQL 编程语言

26.1 目　　标

了解并能简单应用 T-SQL 语言。

26.2 背 景 知 识

T-SQL 是对按照国际标准化组织(ISO)和美国国家标准协会(ANSI)发布的 SQL 标准定义的语言的扩展。对用户来说，T-SQL 是可以与 SQL Server 数据库管理系统进行交互的唯一语言。通常 T-SQL 有两种使用方法：执行脚本和存储过程。在执行脚本中，可以设计向 SQL Server 发送命令并处理结果的代码。存储过程是将程序以存储过程形式存储在 SQL Server 服务器中，然后创建执行存储过程和处理结果的应用程序。

T-SQL 提供称为控制流语言的特殊关键字，用于控制 T-SQL 语句、语句块和存储过程的执行流，实现分支结构和循环结构。这些关键字可用于临时 T-SQL 语句、批处理和存储过程中。

26.3 实 验 内 容

通过下面三个简单脚本了解并简单应用 T-SQL 语言。

(1) 用下面的脚本创建一个表并利用循环向表中添加 26 条记录：

```
USE AdventureWorks
CREATE TABLE MYTB( ID INT, VAL CHAR(1))
GO
DECLARE @COUNTER INT;           /* 定义循环控制变量 */
SET @COUNTER = 0                /* 给循环控制变量赋值 */
WHILE(@COUNTER < 26)
BEGIN
    /* 向表中增加一条记录 */
    INSERT INTO MYTB VALUES(@COUNTER, CHAR(@COUNTER + ASCII('A')))
    SET @COUNTER = @COUNTER + 1/* 循环控制变量 */
END
```

在 Microsoft SQL Server Management Studio 中新建一个查询，输入并执行上面的脚本，然后在 Microsoft SQL Server Management Studio 的"对象资源管理器"中查看 MYTB

表以及其中的数据。

(2) 用下面的脚本查询 Employee 表中的雇员信息,包括 EmployeeID 和 Gender, Gender 的属性根据其值相应地显示为'男'或'女'。

```
USE AdventureWorks
SELECT EmployeeID,Gender =
    CASE Gender
        WHEN 'M' THEN 'Male'
        WHEN 'F' THEN 'Female'
    END
FROM HumanResources.Employee
```

在 Microsoft SQL Server Management Studio 中新建一个查询,输入并执行上面的脚本,观察执行结果。

(3) 下面的脚本显示了 T_SQL 中的错误处理:

```
BEGIN TRY
    SELECT 5/0
END TRY
BEGIN  CATCH
    SELECT ERROR_NUMBER() AS 错误号,ERROR_MESSAGE() AS 错误信息
END CATCH
```

在 Microsoft SQL Server Management Studio 中新建一个查询,输入并执行上面的脚本,观察执行结果。

实验 27 使用游标

27.1 目 标

理解并能简单地使用游标。

27.2 背 景 知 识

由 SELECT 语句返回的行集包括满足该语句的 WHERE 子句中条件的所有行,称为结果集。应用程序,特别是交互式联机应用程序,并不总能将整个结果集作为一个单元来有效地处理。这些应用程序需要一种机制以便每次处理一行或一部分行,游标提供了这种机制。

27.3 实 验 内 容

1. 游标的功能

游标通过以下方式来扩展对结果集的处理能力:

- 允许在结果集中定位特定行。
- 从结果集的当前位置检索一行或一部分行。
- 支持对结果集中当前位置的行进行数据修改。
- 为由其他用户对显示在结果集中的数据所做的更改提供不同级别的可见性支持。

2. T_SQL 游标的类型

基于数据库服务器的 DECLARE CURSOR 创建的 T_SQL 游标主要用于 T_SQL 脚本、存储过程和触发器。SQL Server 支持 4 种 API 服务器游标类型:静态游标、动态游标、只进游标和由键集驱动的游标。T-SQL 游标类型主要由 DECLARE CURSOR 命令定义时指定不同的选项决定,下面是该命令的语法:

```
DECLARE cursor_name CURSOR
[LOCAL|GLOBAL]
[FORWARD_ONLY|SCROLL]
[STATIC|KEYSET|DYNAMIC|FAST_FORWARD]
[READ_ONLY|SCROLL_LOCKS|OPTIMISTIC]
[TYPE_WARNING]
FOR select_statement
[FOR UPDATE [ OF column_name[,...n]]][;]
```

这些游标检测结果集变化的能力和消耗资源(如在 tempdb 中所占的内存和空间)的情况各不相同。游标检测这些变化的能力也受事务隔离级别的影响。静态游标在滚动期间很少或根本检测不到变化,消耗的资源相对较少;动态游标在滚动期间能检测到所有变化,但消耗的资源也较多;由键集驱动的游标介于两者之间。

3. 在脚本、存储过程或触发器中使用游标

在脚本、存储过程或触发器中使用 T-SQL 游标的典型过程为:

(1)声明 T-SQL 变量包含游标返回的数据。为每个结果集列声明一个变量。声明足够大的变量来保存列返回的值,并声明变量的类型为可从列数据类型隐式转换得到的数据类型。

(2)使用 DECLARE CURSOR 语句将 T-SQL 游标与 SELECT 语句相关联。另外,DECLARE CURSOR 语句还定义游标的特性。

(3)使用 OPEN 语句执行 SELECT 语句并填充游标。

(4)使用 FETCH INTO 语句提取单个行,并将每列中的数据移至指定的变量中。然后,其他 T-SQL 语句可以引用那些变量来访问提取的数据值。T-SQL 游标不支持提取行块。

(5)使用 CLOSE 语句结束游标的使用。关闭游标可以释放某些资源,例如游标结果集及其对当前行的锁定,但如果重新发出一个 OPEN 语句,则该游标结构仍可用于处理。由于游标仍然存在,此时还不能重新使用该游标的名称。DEALLOCATE 语句则完全释放分配给游标的资源,包括游标名称。释放游标后,必须使用 DECLARE 语句来重新生成游标。

4. 在脚本中使用游标示例

```
USE AdventureWorks
SET NOCOUNT ON
DECLARE @vendor_id int, @vendor_name nvarchar(50),@message varchar(80), @product
nvarchar(50)
PRINT '-------- Vendor Products Report --------'
DECLARE vendor_cursor CURSOR FOR
    SELECT VendorID, Name
    FROM Purchasing.Vendor
    WHERE PreferredVendorStatus = 1
    ORDER BY VendorID
OPEN vendor_cursor
FETCH NEXT FROM vendor_cursor INTO @vendor_id, @vendor_name
WHILE @@FETCH_STATUS = 0
BEGIN
    PRINT ''
    SELECT @message = '----- Products From Vendor: ' + @vendor_name
    PRINT @message
-- Declare an inner cursor based on vendor_id from the outer cursor.
    DECLARE product_cursor CURSOR FOR
        SELECT v.Name
        FROM Purchasing.ProductVendor pv, Production.Product v
        WHERE pv.ProductID = v.ProductID AND pv.VendorID = @vendor_id
    OPEN product_cursor
    FETCH NEXT FROM product_cursor INTO @product
```

```
        IF @@FETCH_STATUS <> 0 PRINT ' << None >>'
    WHILE @@FETCH_STATUS = 0
    BEGIN
        SELECT @message = ' ' + @product;PRINT @message;
        FETCH NEXT FROM product_cursor INTO @product
    END
    CLOSE product_cursor
    DEALLOCATE product_cursor
-- Get the next vendor.
    FETCH NEXT FROM vendor_cursor INTO @vendor_id, @vendor_name
END
CLOSE vendor_cursor
DEALLOCATE vendor_cursor
```

实验 28　了解存储过程

28.1　目　标

了解存储过程的功能、分类和使用原则。

28.2　背　景　知　识

存储过程是 SQL Server 的数据库对象。存储过程的存在独立于表,它存放在服务器上,供客户端调用。存储过程是大型、复杂、高性能要求的数据库应用系统所必需的技术。

28.3　实　验　内　容

1. 存储过程的功能

SQL Server 中的存储过程与其他编程语言中的过程类似,是指封装了可重用代码的模块或例程。存储过程可以接受输入参数、向客户端返回表格或标量结果和消息、调用数据定义语言(DDL)和数据操作语言(DML)语句,然后返回输出参数。存储过程存放在服务器上,供客户端调用,可以使用 T-SQL 语言中的 EXECUTE 语句来运行存储过程。

使用存储过程的好处如下:

(1) 存储过程已在服务器注册。

(2) 存储过程具有安全特性(例如权限)和所有权链接,以及可以附加到它们的证书,用户可以被授予权限来执行存储过程而不必直接对存储过程中引用的对象具有权限。

(3) 存储过程可以强制应用程序的安全性,参数化存储过程有助于保护应用程序不受 SQL Injection 攻击(SQL Injection 是一种攻击方法,它可以将恶意代码插入到以后将传递给 SQL Server 供分析和执行的字符串中,然后将执行并遭到攻击)。

(4) 存储过程允许模块化程序设计,存储过程一旦创建,以后即可在程序中调用任意多次。这可以改进应用程序的可维护性,并允许应用程序统一访问数据库。

(5) 存储过程是命名代码,允许延迟绑定,这提供了一个用于简单代码演变的间接级别。

(6) 存储过程可以减少网络通信流量,一个需要数百行 T-SQL 代码的操作可以通过一条执行过程代码的语句来执行,而不需要在网络中发送数百行代码。

2. 存储过程的分类

在 SQL Server 2005 中,存储过程可以分为三大类:用户定义的存储过程、扩展存储过程和系统存储过程。

（1）用户定义的存储过程。用户定义的存储过程又分为 T-SQL 和 CLR 两种类型。

① T-SQL 存储过程是指保存的 T-SQL 语句集合，可以接受和返回用户提供的参数。

② CLR 存储过程是指对.NET Framework 公共语言运行时（CLR）方法的引用，可以接受和返回用户提供的参数。它们在.NET Framework 程序集中是作为类的公共静态方法实现的。

（2）扩展存储过程。扩展存储过程允许使用编程语言（例如 C）创建自己的外部例程。扩展存储过程是指 SQL Server 的实例可以动态加载和运行的 DLL。扩展存储过程直接在 SQL Server 的实例的地址空间中运行，可以使用 SQL Server 扩展存储过程 API 完成编程。

说明：CLR 集成提供了更为可靠和安全的替代方法来编写扩展存储过程。

（3）系统存储过程。SQL Server 2005 中的许多管理活动都是通过一种特殊的存储过程执行的，这种存储过程被称为系统存储过程。例如，sys.sp_changedbowner 就是一个系统存储过程。从物理意义上讲，系统存储过程存储在源数据库中，并且带有 sp_前缀。从逻辑意义上讲，系统存储过程出现在每个系统定义数据库和用户定义数据库的 sys 构架中。在 SQL Server 2005 中，可将 GRANT、DENY 和 REVOKE 权限应用于系统存储过程。SQL Server 支持在 SQL Server 和外部程序之间提供一个接口以实现各种维护活动的系统存储过程。这些扩展存储程序使用 xp_前缀。

3. 使用原则

几乎所有可以写成批处理的 T-SQL 代码都可以用来创建存储过程。存储过程的设计规则如下：

（1）CREATE PROCEDURE 定义自身可以包括任意数量和类型的 SQL 语句，但以下语句除外：CREATE AGGREGATE、CREATE RULE、CREATE DEFAULT、CREATE SCHEMA、CREATE 或 ALTER FUNCTION、CREATE 或 ALTER TRIGGER、CREATE 或 ALTER PROCEDURE、CREATE 或 ALTER VIEW、SET PARSEONLY、SET SHOWPLAN_ALL、SET SHOWPLAN_TEXT、SET SHOWPLAN_XML、USE database_name。

（2）其他数据库对象均可在存储过程中创建。可以引用在同一存储过程中创建的对象，只要引用时已经创建了该对象即可。

（3）可以在存储过程内引用临时表。

（4）如果在存储过程内创建本地临时表，则临时表仅为该存储过程而存在，退出该存储过程后，临时表将消失。

（5）如果执行的存储过程将调用另一个存储过程，则被调用的存储过程可以访问由第一个存储过程创建的所有对象，包括临时表在内。

（6）如果执行对远程 SQL Server 2005 实例进行更改的远程存储过程，则不能回滚这些更改。远程存储过程不参与事务处理。

（7）存储过程中参数的最大数目为 2100，存储过程中局部变量的最大数目仅受可用内存的限制，根据可用内存的不同，存储过程最大可达 128MB。

4. 加密存储过程定义

如果希望其他用户无法查看某个存储过程的定义，则可以使用 WITH ENCRYPTION

子句,这样,过程定义将以不可读的形式存储。但是,需要注意的是：存储过程一旦被加密,其定义将无法解密,任何人(包括该存储过程的所有者或系统管理员)都将无法查看该存储过程的定义。

5. 存储过程示例

以下是 SQL Server 2005 联机丛书中的几个示例。

(1) 不使用任何参数的存储过程。

下面的存储过程返回视图 HumanResources. vEmployeeDepartment 中所有雇员的姓名、职务和部门名称。

创建存储过程：

```
USE AdventureWorks;
GO
IF OBJECT_ID ( 'HumanResources.usp_GetAllEmployees', 'P' ) IS NOT NULL
    DROP PROCEDURE HumanResources.usp_GetAllEmployees;
GO
CREATE PROCEDURE HumanResources.usp_GetAllEmployees
AS
    SELECT LastName, FirstName, JobTitle, Department
    FROM HumanResources.vEmployeeDepartment;
GO
```

执行存储过程：

```
EXECUTE HumanResources.usp_GetAllEmployees;
GO
-- Or
EXEC HumanResources.usp_GetAllEmployees;
GO
-- Or, if this procedure is the first statement within a batch:
HumanResources.usp_GetAllEmployees;
```

(2) 使用带有输入参数的存储过程。

下面的存储过程返回视图 HumanResources. vEmployeeDepartment 中指定雇员的姓名、职务和部门名称。

创建存储过程：

```
USE AdventureWorks;
GO
IF OBJECT_ID ( 'HumanResources.usp_GetEmployees', 'P' ) IS NOT NULL
    DROP PROCEDURE HumanResources.usp_GetEmployees;
GO
CREATE PROCEDURE HumanResources.usp_GetEmployees
    @lastname varchar(40),
    @firstname varchar(20)
AS
    SELECT LastName, FirstName, JobTitle, Department
    FROM HumanResources.vEmployeeDepartment
    WHERE FirstName = @firstname AND LastName = @lastname;
GO
```

执行存储过程：

```
EXECUTE HumanResources.usp_GetEmployees 'Ackerman', 'Pilar';
-- Or
EXEC HumanResources.usp_GetEmployees @lastname = 'Ackerman', @firstname = 'Pilar';
GO
-- Or
EXECUTE HumanResources.usp_GetEmployees @firstname = 'Pilar', @lastname = 'Ackerman';
GO
-- Or, if this procedure is the first statement within a batch:
HumanResources.usp_GetEmployees 'Ackerman', 'Pilar';
```

（3）使用输出参数。

以下存储过程将返回价格不超过指定数值的产品的列表。此示例显示如何使用多个
SELECT 语句和多个 OUTPUT 参数。OUTPUT 参数允许外部过程、批处理或多条
Transact-SQL 语句在过程执行期间访问设置的某个值。

创建存储过程：

```
USE AdventureWorks;
GO
IF OBJECT_ID ( 'Production.usp_GetList', 'P' ) IS NOT NULL
    DROP PROCEDURE Production.usp_GetList;
GO
CREATE PROCEDURE Production.usp_GetList @product varchar(40)
    , @maxprice money
    , @compareprice money OUTPUT
    , @listprice money OUT
AS
    SELECT p.name AS Product, p.ListPrice AS 'List Price'
    FROM Production.Product p JOIN Production.ProductSubcategory s ON p.ProductSubcategoryID =
s.ProductSubcategoryID
    WHERE s.name LIKE @product AND p.ListPrice < @maxprice;
-- Populate the output variable @listprice.
SET @listprice = (
    SELECT MAX(p.ListPrice)
    FROM Production.Product p JOIN Production.ProductSubcategory s ON p.ProductSubcategoryID =
s.ProductSubcategoryID
    WHERE s.name LIKE @product AND p.ListPrice < @maxprice);
-- Populate the output variable @compareprice.
SET @compareprice = @maxprice;
GO
```

编写 T_SQL 脚本执行存储过程：

执行 usp_GetList，返回价格低于 $700 的 Adventure Works 产品（自行车）的列表。

```
DECLARE @compareprice money, @cost money
EXECUTE Production.usp_GetList '%Bikes%', 700,
    @compareprice OUT,
    @cost OUTPUT
IF @cost <= @compareprice
BEGIN
```

了解存储过程

```
        PRINT 'These products can be purchased for less than
        $ ' + RTRIM(CAST(@compareprice AS varchar(20))) + '.'
END
ELSE
        PRINT 'The prices for all products in this category exceed
        $ ' + RTRIM(CAST(@compareprice AS varchar(20))) + '.'
```

（4）使用 OUTPUT 游标参数。

OUTPUT 游标参数用来将存储过程的局部游标传递回执行调用的批处理、存储过程或触发器。

创建存储过程，在存储过程中声明并打开游标：

```
USE AdventureWorks;
GO
IF OBJECT_ID ( 'dbo.currency_cursor', 'P' ) IS NOT NULL
    DROP PROCEDURE dbo.currency_cursor;
GO
CREATE PROCEDURE dbo.currency_cursor
    @currency_cursor CURSOR VARYING OUTPUT
AS
    SET @currency_cursor = CURSOR
    FORWARD_ONLY STATIC FOR
        SELECT CurrencyCode, Name
        FROM Sales.Currency;
    OPEN @currency_cursor;
GO
```

编写 T_SQL 脚本执行存储过程，声明一个局部游标变量，执行上述过程以将游标赋值给局部变量，然后从该游标提取行：

```
USE AdventureWorks;
GO
DECLARE @MyCursor CURSOR;
EXEC dbo.currency_cursor @currency_cursor = @MyCursor OUTPUT;
WHILE ( @@FETCH_STATUS = 0 )
BEGIN;
    FETCH NEXT FROM @MyCursor;
END;
CLOSE @MyCursor;
DEALLOCATE @MyCursor;
GO
```

数据库备份与还原

29.1 目　　标

- 使用 SQL Server Management Studio 备份数据库和恢复数据库。
- 使用 Transact-SQL 备份数据库和恢复数据库。

29.2 背 景 知 识

SQL Server 有数据库完整备份、差异备份、事务日志文件备份、文件及文件组备份等几种形式,备份创建在备份设备上,如磁盘或磁带媒体。SQL Server 使用物理设备名称或逻辑设备名称标识备份设备。物理备份设备是操作系统用来标识备份设备的名称,如 C:\Backups\Full.bak;逻辑备份设备是用来标识物理备份设备的别名或公用名称。逻辑设备名称永久地存储在 SQL Server 内的系统表中。使用逻辑备份设备的优点是引用它比引用物理设备名称简单。

完整备份包含数据库中的所有数据,并且可以用作差异备份所基于的基准备份。差异备份仅记录自前一完整备份后发生更改的数据扩展盘区数。因此,与完整备份相比,差异备份较小且速度较快,便于进行较频繁的备份,同时降低丢失数据的风险。

此实验要求:

(1) 已完成实验 10,成功创建了数据库 stu 中的各个表,并了解数据库中各表的情况。

(2) 了解备份和恢复数据库的方法。

29.3 实 验 内 容

29.3.1 使用 SQL Server Management Studio 创建完整备份

(1) 在"对象资源管理器"中,展开"数据库",右击 stu 数据库,从弹出的快捷菜单中选择"属性"命令。

(2) 在"数据库属性"窗口中选择"选项"选项卡,将"恢复模式"设置为"完整"。

(3) 在"对象资源管理器"中,展开"数据库",选择 stu 数据库。可根据数据库的不同,选择其他用户数据库或系统数据库。

(4) 右击 stu 数据库,从弹出的快捷菜单中选择"任务"→"备份"命令,打开"备份数据库"窗口,如图 29-1 所示。

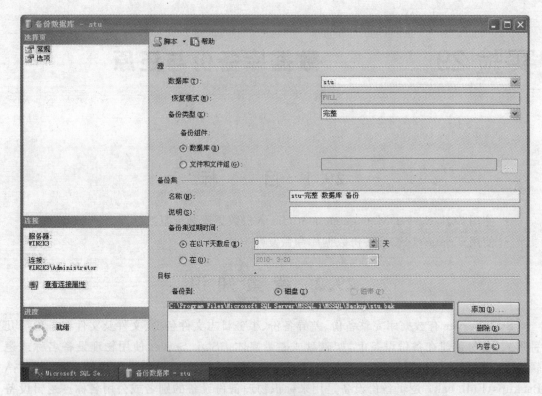

图 29-1 "备份数据库"窗口

(5) 在"数据库"下拉列表中验证数据库名称。也可以从下拉列表中选择其他数据库。

(6) 在"备份类型"下拉列表中选择"完整"选项。注意：创建完整数据库备份之后，才可以创建差异数据库备份。

(7) 对于"备份组件"，选择"数据库"单选按钮。

(8) 对于"备份集"，既可以接受"名称"文本框中建议的默认备份集名称，也可以为备份集输入其他名称。在"说明"文本框中可以输入备份集的说明。

(9) "备份集过期时间"是指定备份集何时过期以及何时可以覆盖备份集而不用显式跳过过期数据验证。若要使备份集在特定天数后过期，选择"在以下天数后"（默认选项）单选按钮，并输入备份集从创建到过期所需的天数，此值范围为 0～99 999 天。0 天表示备份集将永不过期。若要使备份集在特定日期过期，选择"在"单选按钮，并输入备份集的过期日期。

(10) 单击"添加"按钮，打开"选择备份目标"对话框，如图 29-2 所示。

(11) 可以选择文件或备份设备作为备份目标，此处选择"文件名"单选按钮。

(12) 单击路径名后面的"…"按钮，将打开"定位数据库文件"窗口，如图 29-3 所示。

(13) 选择备份路径和输入备份文件名。此处所选路径为默认，文件名为"stu.bak"，单击"确定"按钮返回"备份数据库"窗口。若要删除备份目标，选择该备份目标并单击"删除"按钮。若要查看备份目标的内容，选择该备份目标并单击"内容"按钮。若要查看高级选项，选择"选项"选项卡。

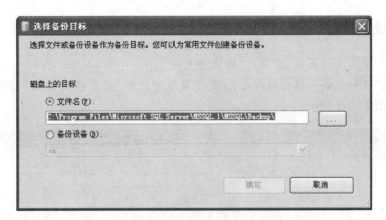

图 29-2 "选择备份目标"对话框

图 29-3 "定位数据库文件"窗口

(14) 单击"确定"按钮完成数据库备份。

若想将数据库备份到备份设备上,则应在上面第(11)步选择"备份设备"作为备份目标(如果不存在"备份设备",应该先创建),再选择相应的备份设备,单击"确定"按钮即可。

实验
29

数据库备份与还原

29.3.2 使用 SQL Server Management Studio 创建备份设备

（1）在"对象资源管理器"中展开"服务器对象"。

（2）右击"备份设备"，然后从弹出的快捷菜单中选择"新建备份设备"命令，打开"备份设备"窗口，如图 29-4 所示。

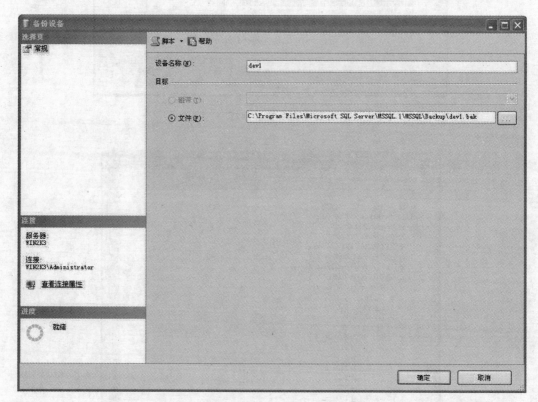

图 29-4 "备份设备"窗口

（3）在"设备名称"文本框中输入新建设备名，如"dev1"。

（4）在"文件"文本框中指定备份设备对应的备份文件及路径。

（5）单击"确定"按钮。

（6）展开"备份设备"文件夹以确认是否已经创建了新的备份设备。如果未看见备份设备，则右击"备份设备"文件夹，然后从弹出的快捷菜单中选择"刷新"命令。

29.3.3 使用 SQL Server Management Studio 创建差异备份

（1）创建差异备份需要具有上一个完整备份。如果选定的数据库从未进行备份，则必须先执行一次完整备份才能创建差异备份。

（2）创建差异备份的操作过程与创建完整备份的操作过程基本相同，只需在"备份数据库"窗口中的"备份类型"下拉列表中选择"差异"而非"完整"选项即可。

29.3.4 使用 SQL Scrver Management Studio 创建事务日志备份

（1）创建事务日志备份的操作过程与创建完整备份的操作过程基本相同，只需在"备份数据库"窗口中的"备份类型"下拉列表中选择"事务日志"而非"完整"选项即可。

（2）若要备份日志尾部（即活动的日志），则需在"选择页"窗格中单击"选项"，再选中"备份日志尾部，并使数据库处于还原状态"。

29.3.5 使用 Transact-SQL 创建数据库备份

（1）在工具栏上单击"新建查询"按钮。

（2）输入下列 Transact-SQL 代码，可将 T_stu 数据库备份到磁盘设备 T_b1.bak 上。

```
BACKUP DATABASE T_stu   TO disk = 'C:\Program Files\Microsoft SQL Server\MSSQL.1\MSSQL\Backup\T_b1.bak'
```

（3）输入下列 Transact-SQL 代码，可将 T_stu 数据库备份到备份设备 dev1 上。

```
BACKUP DATABASE T_stu   TO dev1
```

29.3.6 使用 Transact-SQL 创建事务日志备份

（1）在工具栏上单击"新建查询"按钮。

（2）输入下列 T-SQL 代码，可将 T_stu 数据库的事务日志备份到磁盘设备 T_b1.bak 上。

```
BACKUP LOG T_stu   TO disk = 'C:\Program Files\Microsoft SQL Server\MSSQL.1\MSSQL\Backup\T_b1.bak'
```

（3）输入下列 T-SQL 代码，可将 T_stu 数据库的事务日志备份到备份设备 dev1 上。

```
BACKUP LOG T_stu   TO dev1
```

（4）若要备份日志的尾部，则加上 NORECOVERY 选项，如下列 T-SQL 代码。

```
BACKUP LOG T_stu   TO dev1 with NORECOVERY
```

29.3.7 使用 SQL Server Management Studio 还原备份

SQL Server 2005 维护所有数据库的备份历史，并自动识别可还原的最新备份集。可在"还原数据库"窗口的"还原的源"选项区域中选择"源数据库"单选按钮，以从 SQL Server 识别的备份集中还原。也可以选择"源设备"单选按钮，并指定备份文件和包含要存储的备份的设备来从备用备份中还原。

执行以下步骤可以使用 SQL Server Management Studio 还原完整备份：

（1）在"对象资源管理器"中，展开"数据库"，可根据数据库的不同选择用户数据库或系统数据库。

（2）右击"数据库"，从弹出的快捷菜单中选择"任务"→"还原"命令，将出现"还原数据库"窗口，如图 29-5 所示。

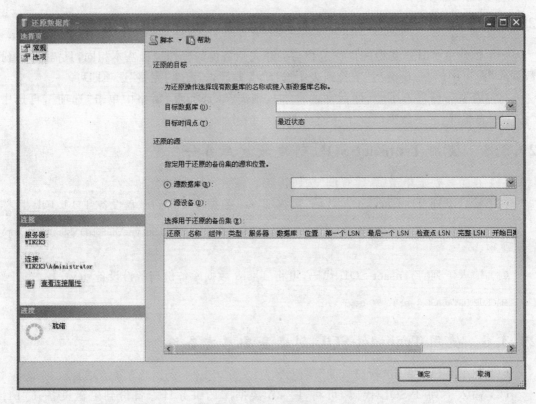

图 29-5 "还原数据库"窗口

（3）在"常规"页上，还原数据库的名称将显示在"目标数据库"下拉列表框中。若要创建新数据库，则在"目标数据库"下拉列表框中输入数据库名，此处输入"stu"。

（4）在"目标时间点"文本框中，可以保留默认值（最近状态），也可以单击文本框后面的"…"按钮打开"时点还原"对话框，以选择具体的日期和时间。此处保留默认值（最近状态）。

（5）若要指定要还原的备份集的源和位置，可选择以下选项之一：

① 源数据库：在下拉列表中选择数据库名称即可。

② 源设备：单击文本框后面的"…"按钮，打开"指定备份"对话框。在"备份媒体"下拉列表框中选择一种设备类型。若要为"备份位置"列表框选择一个或多个设备，单击"添加"按钮，将所需设备添加到"备份位置"列表框后，单击"确定"按钮返回到"常规"页。

此处选择"源设备"单选按钮，在"备份媒体"下拉列表中选择"文件"选项，单击"添加"按钮，选择 stu.bak 后返回"指定备份"对话框，如图 29-6 所示。

（6）单击"确定"按钮，打开"还原数据库"窗口，如图 29-7 所示。

（7）在"选择用于还原的备份集"网格中，选择用于还原的备份。此网格将显示对于指定位置可用的备份，如有差异备份或事务日志备份也会在此显示出来，如图 29-8 所示。

（8）单击"选择页"窗格中的"选项"，查看高级选项，如图 29-9 所示。

（9）选择"还原选项"选项区域中的"覆盖现有数据库"复选框。

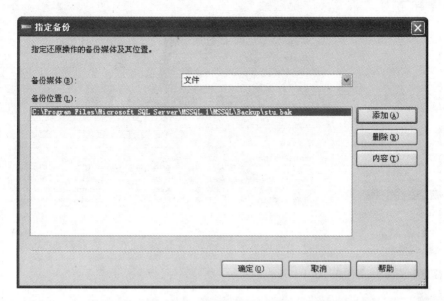

图 29-6 "指定备份"对话框

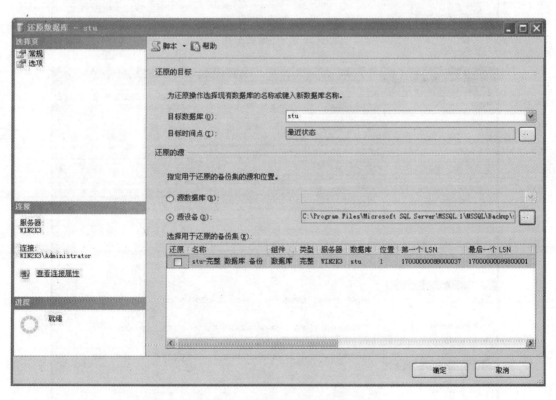

图 29-7 "还原数据库-stu"窗口

数据库备份与还原

146

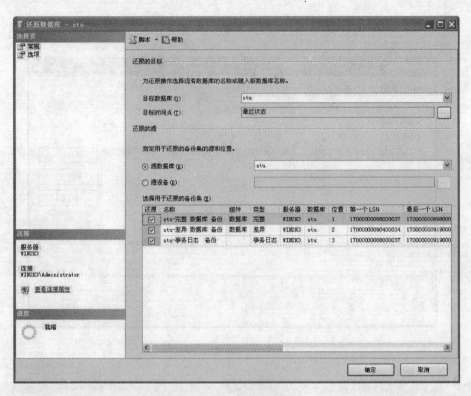

图 29-8　还原数据库

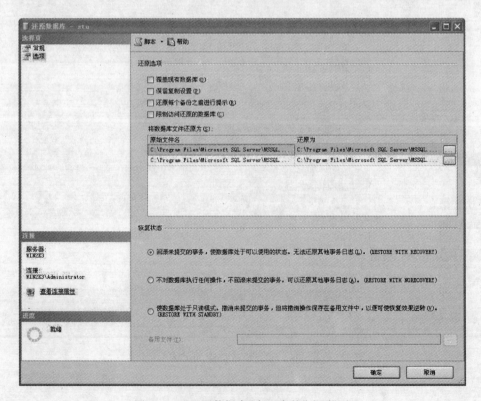

图 29-9　"还原数据库"窗口中的"选项"页

（10）单击"确定"按钮完成还原数据库。

29.3.8　备份、还原数据库的综合实验

1. 将 stu 数据库恢复模型设置为完整恢复

（1）在"对象资源管理器"中，展开"数据库"，右击 stu，从弹出的快捷菜单中选择"属性"命令。

（2）在"数据库属性"窗口中选择"选项"页，将"恢复模式"设置为"完整"。

2. 在 E:\中创建名为 StuBackups 的新文件夹

（1）打开 Windows 资源管理器，浏览到 E:\，创建名为"StuBackups"的文件夹。

（2）关闭 Windows 资源管理器。

3. 创建 BackupFull、BackupLogs 和 BackupDiff 备份设备

（1）在"对象资源管理器"中展开"服务器对象"。

（2）右击"备份设备"，然后从弹出的快捷菜单中选择"新建备份设备"命令。

（3）在"备份设备"窗口中的"设备名称"文本框中输入新建设备名"BackupFull"。

（4）在"文件"文本框中指定备份设备对应的备份文件及路径 E:\StuBackups\BackupFull.bak。

（5）单击"确定"按钮。

（6）重复以上过程，分别创建名为"BackupLogs"和"BackupDiff"的备份设备。

（7）展开"备份设备"文件夹以确认是否已经创建了新的备份设备。如果未看见备份设备，则右击"备份设备"文件夹，然后从弹出的快捷菜单中选择"刷新"命令。

4. 将 stu 数据库备份到 BackupFull 设备

（1）在"对象资源管理器"中展开"数据库"，选择 stu 数据库。

（2）右击 stu 数据库，从弹出的快捷菜单中选择"任务"→"备份"命令，打开"备份数据库"窗口。

（3）在"备份数据库"窗口中，使用以下详细信息以将 stu 数据库完整备份到 BackupFull 备份设备中，并覆盖该设备中的任何现有备份。

（4）在"数据库"下拉列表中选择 stu 选项。

（5）在"备份类型"下拉列表中选择"完整"选项。

（6）对于"备份组件"，选择"数据库"单选按钮。

（7）对于"备份集"，目标备份到备份设备 BackupFull 上。

（8）选择"选项"页，在"覆盖媒体"选项区域选中"覆盖所有现有备份集"。

（9）单击"确定"按钮，完成备份。

5. 第一次更新 student 表

（1）在"对象资源管理器"中，依次展开"数据库"、stu 和"表"，右击 student 表，从弹出的快捷菜单中选择"打开表"命令。

（2）将 200215121 的 Sdept 更改为 MA，然后关闭表。

6. 执行 stu 数据库的差异备份

重复第 4 步，将 stu 数据库差异备份到 BackupDiff 备份设备中，并覆盖该设备中的任何现有备份。

7. 将 stu 事务日志备份到 BackupLogs 设备

将 stu 事务日志备份到 BackupLogs 设备中,注意指定该备份的名称为"stu-事务日志",并在"选项"页中的"覆盖媒体"选项区域选中"覆盖所有现有备份集"。

8. 第二次更新 student 表

(1) 在"对象资源管理器"中,依次展开"数据库"、stu 和"表",右击 student 表,从弹出的快捷菜单中选择"打开表"命令。

(2) 将 200215121 的 sname 更改为"王雪",然后关闭表。

9. 模拟灾难

(1) 在"对象资源管理器"中右击 SQL Server 实例,从弹出的快捷菜单中选择"停止"命令。

(2) 打开 Windows 资源管理器,将 C:\Program Files\Microsoft SQL Server\MSSQL.1\MSSQL\Data 中的 Stu.mdf 文件重命名为 Stu_Old.mdf。

(3) 在"对象资源管理器"中右击 SQL Server 实例,从弹出的快捷菜单中选择"启动"命令,重新启动服务器实例。打开 student 表,看看能否成功。

10. 备份日志尾部

(1) 在"对象资源管理器"中,右击"备份设备",然后从弹出的快捷菜单中选择"备份数据库"命令。

(2) 按照第 7 步,将 stu 事务日志的尾部备份到 BackupLogs 设备中,注意指定该备份的名称为"stu-事务日志尾部备份",并在"选项"页中的"覆盖媒体"选项区域选中"追加到现有备份集",在"选项"页中的"事务日志"选项区域选中"备份日志尾部,并使数据库处于还原状态"。

(3) 单击"确定"按钮,完成操作。

11. 还原数据库到第一次完整备份时刻

(1) 在"对象资源管理器"中展开"数据库",右击 stu,从弹出的快捷菜单中选择"任务"→"还原"→"数据库"命令,打开"还原数据库"窗口。

(2) 在"常规"页面,选择如下用于还原的备份集以从下列备份中还原 stu 数据库。

stu-完整　数据库　备份

(3) 在"选项"页面中,确保选择了"覆盖现有数据库"和"回滚未提交事务,使数据库处于可以使用的状态"。

(4) 单击"确定"按钮,完成操作。

(5) 在"对象资源管理器"中,依次展开"数据库"、stu 和"表",右击 student,然后从弹出的快捷菜单中选择"打开表"命令,可以看到已经恢复到了第一次完整备份时刻(修改 200215121 的 Sdept 之前的时刻),然后关闭表。

12. 还原数据库到差异备份时刻

(1) 在"对象资源管理器"中展开"数据库",右击 stu,从弹出的快捷菜单中选择"任务"→"还原"→"数据库"命令,打开"还原数据库"窗口。

(2) 在"常规"页面,选择如下用于还原的备份集以从下列备份中还原 stu 数据库。

- stu-完整　数据库　备份
- stu-差异　数据库　备份

（3）在"选项"页面中，确保选择了"覆盖现有数据库"和"回滚未提交事务，使数据库处于可以使用的状态"。

（4）单击"确定"按钮，完成操作。

（5）在"对象资源管理器"中，依次展开"数据库"、stu 和"表"，右击 student，然后从弹出的快捷菜单中选择"打开表"命令，可以看到已经恢复到了差异备份时刻（修改 200215121 的 Sdept 之后的时刻，但还没有修改其 Sname），然后关闭表。

13. 还原数据库到发生故障时刻

（1）在"对象资源管理器"中展开"数据库"，右击 stu，从弹出的快捷菜单中选择"任务"→"还原"→"数据库"命令，打开"还原数据库"窗口。

（2）在"常规"页面，选择如下用于还原的备份集以从下列备份中还原 stu 数据库。

- stu-完整　数据库　备份
- stu-差异　数据库　备份
- stu-事务日志　备份
- stu-事务日志　尾部备份

（3）在"选项"页面中，确保选择了"覆盖现有数据库"和"回滚未提交事务，使数据库处于可以使用的状态"。

（4）单击"确定"按钮，完成操作。

（5）在"对象资源管理器"中，依次展开"数据库"、stu 和"表"，右击 student，然后从弹出的快捷菜单中选择"打开表"命令，可以看到已经恢复到了发生故障时刻（修改 200215121 的 Sname 之后的时刻），然后关闭表。

29.4　拓展练习

（1）将 EDUC 数据库的故障恢复模式设为"完整"；

（2）建立一个备份设备 educ_dev，对应的物理文件名为 c:\educ_dev.bak；

（3）为 EDUC 数据库做完整备份至备份设备 educ_dev；

（4）向 student 表中插入一行数据；

（5）为 EDUC 数据库做差异备份至备份设备 educ_dev；

（6）再向 student 表中插入一行数据；

（7）为 EDUC 数据库做日志备份至备份设备 educ_dev；

（8）删除 EDUC 数据库；

（9）创建新数据库 EDUC，为新数据库 EDUC 进行完整备份的恢复，查看 student 表的内容；

（10）为 EDUC 数据库进行差异备份的恢复，查看 student 表的内容；

（11）为 EDUC 数据库进行事务日志备份的恢复，查看 student 表的内容。

数据库备份与还原

实验 30　数据库镜像

30.1　目　　标

使用 SQL Server Management Studio 配置数据库镜像。

30.2　背 景 知 识

数据库镜像服务是 Microsoft SQL Server 2005 提供的基于软件的高可用性解决方案，不需要任何容错或者群集硬件设备的支撑，是在数据库级别提供的"容错"服务，可以完成 Microsoft SQL Server 2005 数据库的热备份，同时可以自动完成故障转移。

数据库镜像需要两个数据库：主体数据库和镜像数据库，两个数据库驻留在不同的服务器上。在任何应用时间，客户端只能使用一个数据库，此数据库称为"主体数据库"。客户端对主体数据库进行的更新被同步到镜像数据库，此数据库称为"镜像数据库"。镜像是将对主体数据库执行的每个插入、更新或删除操作的事务日志应用到镜像数据库。

主体数据库和镜像数据库必须驻留在独立的服务器实例中，主体数据库和镜像数据库可以运行在两个不同的服务器中，也可以运行在同一个服务器的两个不同的服务器实例上。两个服务器实例在数据库镜像服务会话中作为伙伴进行通信和协作。数据库镜像的高级模式应具备主体服务器、镜像服务器和见证服务器。

30.3　实 验 内 容

30.3.1　将 MirStu 数据库的恢复模式设置为"完整"

(1) 创建 MirStu 数据库，并创建一个名为 C:\MirrorBackup 的文件夹。

(2) 在"对象资源管理器"中展开"数据库"文件夹，右击 MirStu，然后从弹出的快捷菜单中选择"属性"命令。

(3) 在"选项"页中将"恢复模式"改为"完整"。

(4) 单击"确定"按钮更改恢复模式。

30.3.2 备份和还原数据库

1. 备份主体数据库

（1）在"对象资源管理器"中展开"数据库"文件夹，右击 MirStu，从弹出的快捷菜单中选择"任务"→"备份"命令。

（2）选择"完整"作为"备份类型"。

（3）选择"目标"区域的所有现有文件，然后单击"删除"按钮。

（4）单击"目标"区域中的"添加"按钮。

（5）输入文件名和路径 C:\MirrorBackup\MirStu_Backup.bak，然后单击"确定"按钮。

（6）单击"确定"按钮。

2. 将备份还原到镜像服务器

（1）在"对象资源管理器"中，在工具栏上依次单击"连接"按钮和"数据库引擎"，在"连接到服务器"对话框中，按表 30-1 中的指定值进行设置，然后单击"连接"按钮。

表 30-1　"连接到服务器"对话框中连接信息设置

属　　性	值
服务器类型	数据库引擎
服务器名称	MIAMI\SQLINSTANCE2（根据镜像服务器情况而定）
身份验证	Windows 身份验证

（2）在"对象资源管理器"中，右击 MIAMI\SQLINSTANCE2 的"数据库"文件夹，然后从弹出的快捷菜单中选择"还原数据库"命令。

（3）在"目标数据库"下拉列表框中输入 MirStu。

（4）选择"源设备"单选按钮，然后单击"…"按钮。

（5）在"指定备份"对话框中单击"添加"按钮，选择 C:\MirrorBackup\MirStu_Backup.bak，然后单击"确定"按钮。再单击"指定备份"对话框中的"确定"按钮。

（6）在"备份集"列表中选择"MirStu-完整　数据库　备份"复选框。

（7）在"选择页"面板中选择"选项"。

（8）将 MirStu 的"还原为"值改为 C:\Program Files\Microsoft SQL Server\MSSQL.2\MSSQL\Data\MirStu.mdf。

（9）将 MirStu_Log 的"还原为"值改为 C:\Program Files\Microsoft SQL Server\MSSQL.2\MSSQL\Data\MirStu _Log.ldf。

注意：这里的"C:\Program Files\Microsoft SQL Server\MSSQL.2\MSSQL\Data\"是 MIAMI\SQLINSTANCE2 服务器实例数据目录。

（10）在"恢复状态"选项区域中选择 Restore With Norecovery 单选按钮。

（11）单击"确定"按钮还原数据库。

30.3.3 启动数据库镜像

1. 配置数据库镜像

（1）在"对象资源管理器"中的 MIAMI 实例中，右击 MirStu，然后从弹出的快捷菜单中选择"属性"命令。

　　(2) 在"选择页"面板中选择"镜像"。

　　(3) 在"配置数据库镜像安全性"页面中单击"配置安全性",然后单击"下一步"按钮。

　　(4) 在"包括见证服务器"页面中选择"是"以包括见证服务器实例,然后单击"下一步"按钮。

　　(5) 在"选择要配置的服务器"页面中,选择要配置的所有实例,然后单击"下一步"按钮。

　　(6) 在"主体服务器实例"页面中,按表 30-2 中的指定值设置主体服务器,然后单击"下一步"按钮。

表 30-2　主体服务器设置

属　　性	值
主体服务器实例	MIAMI
加密通过此端点发送的数据	取消选择
侦听器端口	5022
端点名称	镜像

　　(7) 在"镜像服务器实例"页面中单击"连接"按钮,出现提示时,使用 Windows 身份验证连接到 MIAMI\SQLINSTANCE2。

　　(8) 按表 30-3 中的指定值设置镜像服务器,然后单击"下一步"按钮。

表 30-3　镜像服务器设置

属　　性	值
镜像服务器实例	MIAMI\SQLINSTANCE2
加密通过此端点发送的数据	取消选择
侦听器端口	5023
端点名称	镜像

　　(9) 在"见证服务器实例"页面中单击"连接"按钮,出现提示时,使用 Windows 身份验证连接到 MIAMI\SQLINSTANCE3。

　　(10) 按表 30-4 中的指定值设置见证服务器,然后单击"下一步"按钮。

表 30-4　见证服务器设置

属　　性	值
见证服务器实例	MIAMI\SQLINSTANCE3
加密通过此端点发送的数据	取消选择
端点名称	镜像
侦听器端口	5024

　　(11) 在"服务账户"页面中将这些框保留为空白(因为这些实例使用同一个账户),然后单击"下一步"按钮。

　　(12) 在"完成向导"页面中单击"完成"按钮。配置好端点后,单击"关闭"按钮,在提示启动镜像时单击"确定"按钮。

2. 启动数据库镜像

（1）在"数据库属性-MirStu"对话框中单击"开始镜像"按钮。

（2）单击"确定"按钮关闭"属性"对话框。

30.3.4 执行自动和手动故障恢复

1. 停止主体服务器

（1）在"对象资源管理器"中，验证 MIAMI 实例中的 MirStu 数据库是否是主体数据库。

（2）在"对象资源管理器"中右击 MIAMI，然后从弹出的快捷菜单中选择"停止"命令，确认想停止的服务器和"SQL Server 代理"。

2. 验证自动故障恢复

（1）在 MIAMI\SQLINSTANCE2 实例中右击"数据库"，然后从弹出的快捷菜单中选择"刷新"命令。

（2）验证 MirStu 实例现在是否是主体数据库。

3. 重启先前的主体服务器

（1）选择"开始"→"所有程序"→"附件"命令，然后选择"命令提示符"。

（2）输入以下命令：

```
NET START mssqlserver /T1400
```

（3）关闭"命令提示符"窗口。

（4）在"对象资源管理器"中右击 MIAMI 实例中的"数据库"，然后从弹出的快捷菜单中选择"刷新"命令。

注意：MIAMI 中的 MirStu 是镜像数据库。

4. 执行手动故障恢复

（1）在"对象资源管理器"中的 MIAMI\SQLINSTANCE2 实例中右击 MirStu 数据库，然后从弹出的快捷菜单中选择"属性"命令。

（2）在"选择页"面板中选择"镜像"。

（3）依次单击"故障转移"和"是"按钮来确认此故障恢复。

5. 停止镜像

（1）在"对象资源管理器"中的 MIAMI 实例中右击 MirStu 数据库，然后从弹出的快捷菜单中选择"属性"命令。

（2）在"选择页"面板中选择"镜像"。

（3）依次单击"停止镜像"和"是"按钮，然后单击"确定"按钮以停止镜像。

实验 31 | 并 发 控 制

31.1 目　标

- 了解查看当前活动和进程加锁情况的方法。
- 掌握设置事务隔离级别的方法。

31.2　背 景 知 识

并发性是指两个或两个以上的用户同时对数据执行的操作。并发性问题就是指并发操作时遇到的各种问题。在 Microsoft SQL Server 系统中,解决并发性问题采取了事务和锁机制。

锁就是防止其他事务访问指定资源的手段。锁是实现并发控制的主要方法,是多个用户能够同时操纵同一个数据库中的数据而不发生数据不一致现象的重要保障。锁定资源的方式有两种基本形式:读操作要求的共享锁和写操作要求的排他锁。

死锁是在多用户或多进程状况下,为使用同一资源而产生的无法解决的争用状态。

可以为事务指定一个隔离级别,该隔离级别定义一个事务必须与其他事务所进行的资源或数据更改相隔离的程度。隔离级别从允许的并发副作用(例如脏读或幻读)的角度进行描述。选择事务隔离级别不影响为保护数据修改而获取的锁。事务总是在其修改的任何数据上获取排他锁并在事务完成之前持有该锁,不管为该事务设置了什么样的隔离级别。对于读取操作,事务隔离级别主要定义保护级别,以防受到其他事务所做更改的影响。

一次只能设置一个隔离级别选项,而且设置的选项将一直对那个连接始终有效,直到显式更改该选项为止。Microsoft SQL Server 系统支持如下 4 种事务隔离等级:

- READ UNCOMMITTED(未提交读):隔离事务的最低级别,只能保证不读取物理上损坏的数据。
- READ COMMITTED(已提交读):数据库引擎的默认级别。
- REPEATABLE READ(可重复读)。
- SERIALIZABLE(可序列化):隔离事务的最高级别,事务之间完全隔离。

表 31-1 显示了不同隔离级别允许的并发副作用。

表 31-1　不同隔离级别允许的并发副作用

隔 离 级 别	脏　　读	不可重复读取	幻　　读
未提交读	是	是	是
已提交读	否	是	是
可重复读	否	否	是
可序列化	否	否	否

此实验要求：

（1）了解并发控制和锁的种类。

（2）了解事务的隔离级别。

（3）已完成实验 10,成功创建了数据库 stu 中的各个表。

31.3 实 验 内 容

31.3.1 查看当前活动和进程加锁情况

（1）在"对象资源管理器"中展开"管理",然后双击"活动监视器",打开"活动监视器"窗口,如图 31-1 所示。

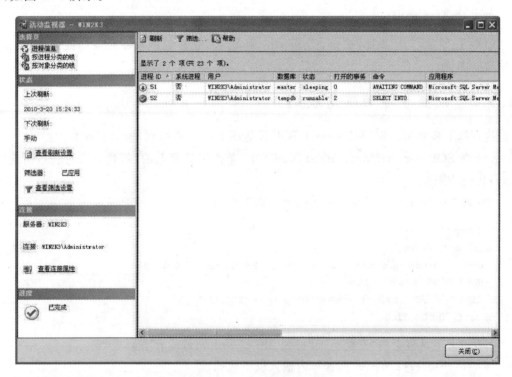

图 31-1 "活动监视器"窗口

（2）在"活动监视器"窗口,检查"进程信息"页面并注意当前项。最小化"活动监视器"窗口。

（3）单击"新建查询"按钮,在查询窗口底部的状态栏右边注意该进程的 ID。

（4）在查询窗体内输入以下代码并执行：

```
USE stu
BEGIN TRANSACTION
SELECT * FROM student
```

（5）还原"活动监视器"窗口,然后单击"刷新"按钮。注意新的进程。

（6）在"选择页"面板中选择"按进程分类的锁"。

（7）在"所选进程"列表中，选择新建查询的进程 ID，查看进程加锁情况（共享锁）。

（8）在"选择页"面板中选择"按对象分类的锁"。

（9）在"所选对象"列表中，选择"student"，查看对象加锁情况（共享锁）。

（10）在查询窗体内输入以下代码并执行：

```
USE stu
BEGIN TRANSACTION
UPDATE students.student SET sname = '王静' WHERE sno = '1'
```

（11）还原"活动监视器"窗口，然后单击"刷新"按钮，查看进程和对象加锁情况（排他锁）。

（12）在查询窗体内输入以下代码并执行：

```
ROLLBACK TRANSACTION
```

（13）还原"活动监视器"窗口，然后单击"刷新"按钮，查看进程和对象加锁情况（只保留共享数据库锁）。

31.3.2　设置事务的隔离级别

执行以下步骤可以使用 Transact-SQL 设置事务的隔离级别，模拟实现脏读。

（1）在 SQL Server Management Studio 中，单击工具栏上的"新建查询"按钮，出现"…Query1.sql"窗体。

（2）在"…Query1.sql"查询窗体内输入以下代码：

```
USE stu
BEGIN TRANSACTION
   UPDATE   students.student   SET sage = 23   WHERE sno = '200215121'
   WAITFOR DELAY '00:00:10'
   SELECT * FROM students.student WHERE sno = '200215121'
ROLLBACK TRANSACTION
```

（3）单击工具栏上的"新建查询"按钮，出现"…Query2.sql"窗体。

（4）在"…Query2.sql"查询窗体内输入以下代码：

```
USE stu
SET  TRANSACTION  ISOLATION LEVEL READ UNCOMMITTED
BEGIN TRANSACTION
   SELECT * FROM students.student WHERE sno = '200215121'
   WAITFOR DELAY '00:00:20'
   SELECT * FROM students.student WHERE sno = '200215121'
COMMIT TRANSACTION
```

（5）切换到"…Query1.sql"窗体，单击"执行"按钮，进入事务运行状态。

（6）切换到"…Query2.sql"窗体，单击"执行"按钮，查看运行结果。

（7）等"…Query1.sql"窗体内的事务运行结束后，切换到"…Query2.sql"窗体，查看运行结果，分析"…Query2.sql"中的事务能否重复读。

（8）将"…Query2. sql"查询窗体内的代码改为以下代码：

```
USE stu
SET  TRANSACTION  ISOLATION LEVEL READ COMMITTED
BEGIN TRANSACTION
    SELECT * FROM students.student WHERE sno = '200215121'
    WAITFOR DELAY '00:00:20'
    SELECT * FROM students.student WHERE sno = '200215121'
COMMIT TRANSACTION
```

（9）重复以上步骤，查看运行结果。

31.3.3　模拟实现死锁

执行以下步骤可以使用 Transact-SQL 模拟实现死锁。

（1）在 SQL Server Management Studio 中，单击工具栏上的"新建查询"按钮，出现"…Query1. sql"窗体。

（2）在"…Query1. sql"查询窗体内输入以下代码：

```
USE stu
BEGIN TRANSACTION
    UPDATE  students.student  SET sname = '李雪'  WHERE sno = '02'
    WAITFOR DELAY '00:00:20'
    SELECT * FROM students.course WHERE cno = '1'
COMMIT TRAN
```

（3）单击工具栏上的"新建查询"按钮，出现"…Query2. sql"窗体。

（4）在"…Query2. sql"查询窗体内输入以下代码：

```
USE stu
BEGIN TRANSACTION
    UPDATE  students.course  SET cname = 'c++'  WHERE cno = '1'
    WAITFOR DELAY '00:00:20'
    SELECT * FROM students.student WHERE sno = '02'
COMMIT TRAN
```

（5）切换到"…Query1. sql"窗体，单击"执行"按钮，进入事务运行状态。

（6）切换到"…Query2. sql"窗体，单击"执行"按钮，进入事务运行状态。

（7）等"…Query1. sql"和"…Query2. sql"窗体内的事务运行结束后，分别查看运行结果。

并发控制

第二篇

案　例　篇

　　课程设计是通过一个实际项目的开发使学生能够了解整个数据库应用系统项目开发的过程,了解项目整个开发过程中所涉及的文档,了解项目代码的书写规范。通过完成具体的任务,强化教材中学到的知识,掌握实际工作中需要的技能和方法,真正将知识转化为实际的技能。

　　案例教学的目的是培养学生独立开发一套完整的数据库应用系统的能力。该案例教学要求学生从信息收集开始,逐步进行系统需求分析、数据库设计、编码及调试、数据库维护等任务。

设计 1　课程设计案例概述

　　本案例为一个信息管理系统,主要对教师、学生、成绩、课程和班级等信息进行管理维护。该系统的前台网站使用 PHP 开发,后台系统采用 SQL Server 2005,通过实施该数据库解决方案,可以学习到网站应用程序架设的全过程,掌握数据库系统的设计、开发、实现和维护,同时还将了解到如何结合 SQL Server 2005 和 PHP 来开发一套数据库应用系统。

设计 2　　需 求 分 析

　　首先,对该网站的结构和功能进行一个大体的介绍。信息管理系统网站可以对用户进行管理,包括管理员、教学秘书、班主任、任课教师、学生,并负责维护学生信息、成绩信息、课程信息和教师信息等。任课教师信息功能中包含查看学生信息、添加维护学生成绩、查看自己的信息、查看课表信息等功能;班主任信息功能中包含维护学生信息、维护团队信息、查看班级信息、查看课程信息、查看成绩信息等功能;学生信息功能中包括查看自己及班级信息、查看教师信息、查看课程、查看课表、查看成绩等功能;教学秘书信息功能中包含维护教师信息、维护课程信息、维护课表信息、维护班级信息、维护专业方向信息等功能;系统管理员功能中包含维护角色信息、账户信息、权限信息等功能。网站功能结构如图 2-1所示。

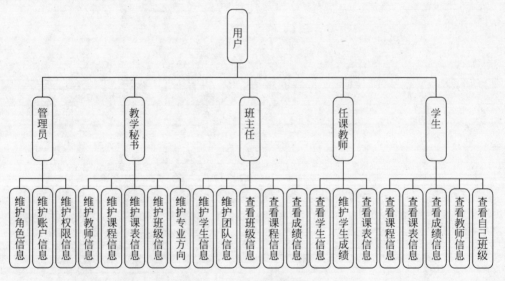

图 2-1　网站功能结构图

　　下面是网站内部结构的主要组成:
　　• 用户登录
　　用户输入用户名和密码登录系统后,系统根据登录用户的角色返回给用户相应的界面,用户进行自己权限内的业务操作。
　　• 查看学生信息
　　班主任、任课教师和学生可查看学生的基本信息。
　　• 维护学生信息
　　班主任可以登记、维护自己班级学生的基本信息。

- 查看教师信息

教师、学生可以查看教师的信息。

- 维护教师信息

教务秘书可以添加、修改、删除教师基本信息。

- 课程信息

教务秘书可以维护学院所开授课程的详细信息。

- 课表信息

教学秘书可以把课程安排的情况登记到系统中，教师和学生可以进行查看。

- 维护成绩信息

任课教师可以登记学生的课程成绩。

- 查看成绩信息

任课教师、教务秘书、班主任和学生可以查看课程成绩。

- 团队信息

班主任可以记录班级中各项目团队的信息。

- 班级信息

教学秘书可以维护班级信息，教师可以查看自己所教授班级的信息。

- 宿舍信息

班主任可以查看、维护所有宿舍的详细信息。

- 专业方向信息

教学秘书可以维护专业方向信息。

- 角色、账户、权限信息

系统管理员对角色、账户和权限信息进行维护。

注意：该数据库将会有相关表来存储用户所加入的不同信息，并对所有相关信息进行分类存储。

设计 3 数据库设计

3.1 概 念 设 计

通过对用户需求进行综合、归纳与抽象,形成一个全局概念模型,用 E-R 图来表示,如图 3-1 所示。利用 PowerDesigner 创建 CDM,如图 3-2 所示。SCIS 系统名称、编码对照表如表 3-1 所示。

表 3-1 SCIS 系统名称、编码对照表

实 体		属 性	
名称	编码	名　称	编　码
		学号	ID
		姓名	NAME
		性别	SEX
		民族	RACE
		身份证号	CARDID
		出生日期	BIRTHDAY
		籍贯	BIRTHPLACE
		政治面貌	PSTATUS
			POSITIONS
学生(STUDENT)		考生类别	EXAMTYPE
		地区名称	REGION
		毕业中学	GSCHOOL
		高考英语	ESC
		投档成绩	ARSC
		照片	PHOTO
		手机号	CELLPHONE
		QQ	QQ
		MSN	MSN
		个人网站	PWEB

实 体		属 性	
名称	编码	名 称	编 码
学生（STUDENT）（续）		邮箱	EMAIL
		家庭电话	HOMEPHONE
		家庭住址	HADDRESS
		邮编	POSTCODE
		状态	STATE
			DELETED
课程（COURSE）		课程编号	ID
		课程名称	NAME
		学分	CRS
		学时	HRS
		教材	TEXTBOOK
		课程简介	DESCRIPTION
		课程网址	CWEB
课程类别（CCLASSIFICATION）		类别编号	ID
		类别名称	NAME
		类别简介	DESCRIPTION
团队（TEAM）		团队编号	ID
		团队名称	NAME
		人数	MEMBER
		等级	RATING
		装备	DEVICE
		状态	STATE
		照片	PHOTO
宿舍（DORMITORY）		宿舍编号	ID
		宿舍地址	DORBUILDING
班级（CLASS）		班级编号	ID
		班级名称	NAME
		录取批次	NATURE
		人数	MEMBER
		年级	GREADE
			DELETED
专业方向（SPECIALTY）		专业方向编号	ID
		专业方向名称	NAME
		专业方向描述	DESCRIPTION

实　　体		属　　性	
名称	编码	名　　称	编　　码
教师(TEACHER)		教师编号	ID
		姓名	NAME
		性别	SEX
		出生日期	BIRTHDAY
		政治面貌	PSTATUS
		工作年限	JOINTIME
		职称	TITLE
		学历	DEGREE
		教育经历	LEARNEXPER
		培训经历	TRAINEXPER
		入职前经历	PERWORKEXPER
		入职后经历	LATWORKEXPER
		照片	PHOTO
		家庭住址	HADDRESS
		籍贯	BIRTHPLACE
		民族	RACE
		自我评价	SELFAPP
		联系电话	PHONE
		邮箱	EMAIL
		个人网站	PWEB
		MSN	MSN
		状态	STATE
			DELETED
账户(USR)		账户名	ID
		账户密码	PASSWORD
		状态	STATE
角色(ROLE)		角色编号	ID
		角色名称	NAME
功能(FUNCTIONES)		功能编号	ID
		功能名称	NAME
		URL	URL
		功能简介	DESCRIPTION

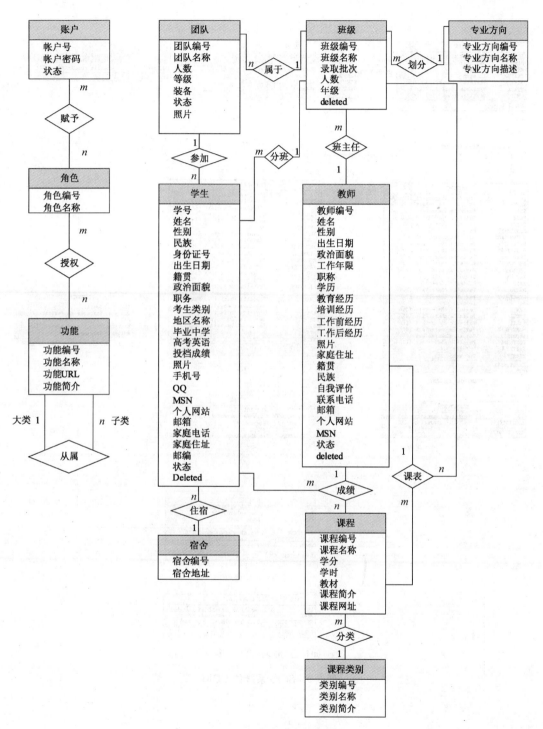

图 3-1 SCIS 系统 E-R 图

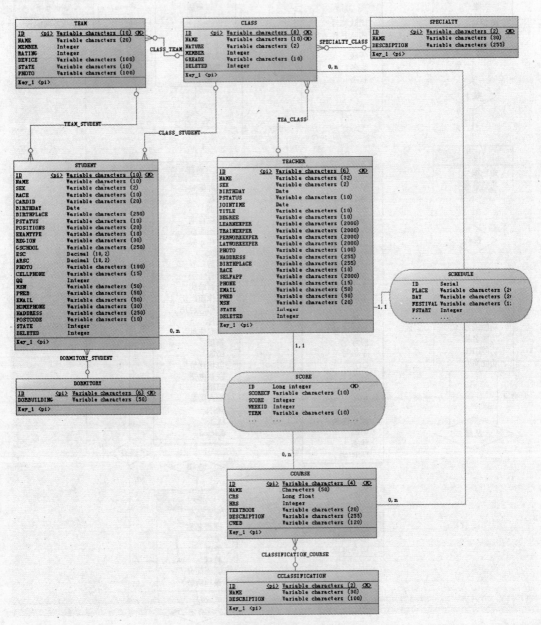

(a)核心功能对应的CDM

图 3-2 SCIS 系统的 CDM

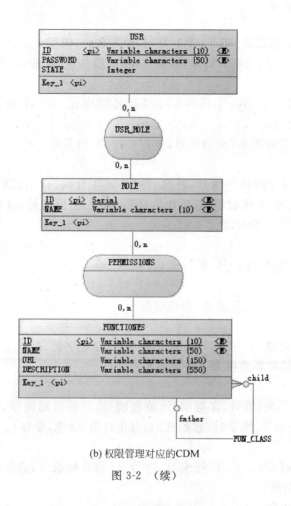

(b) 权限管理对应的CDM

图 3-2 （续）

3.2 逻 辑 设 计

数据库逻辑设计是将概念模型转换成特定 DBMS 所支持的数据模型。本案例中将其转换为关系模型。

根据转换规则,将 SCIS 系统 E-R 图转换成一组关系,具体包括:

(1)每一实体型转换成一个关系模式,在此基础上,对于 1 : n 联系,在 n 端附加 1 端的码和联系自身的属性,带下划线的属性构成码。

- 实体:班级。

对应关系模式:班级(<u>班级编号</u>,专业方向,班主任,班级名称,录取批次,人数,年级,deleted)。

- 实体:宿舍。

对应关系模式:宿舍(<u>宿舍编号</u>,宿舍地址)。

- 实体:专业方向。

对应关系模式:专业方向(<u>专业方向编号</u>,专业方向名称,专业方向描述)。

- 实体:团队。

对应关系模式:团队(<u>团队编号</u>,所属班级编号,团队名称,人数,等级,装备,状态,照片)。

- 实体:学生。

对应关系模式:学生(<u>学号</u>,宿舍编号,团队编号,班级编号,姓名,性别,民族,身份证号,出生日期,籍贯,政治面貌,职务,考生类别,地区名称,毕业中学,高考英语,投档成绩,照片,手机号,QQ,MSN,个人网站,邮箱,家庭电话,家庭住址,邮编,状态,deleted)。

- 实体:课程。

对应关系模式:课程(<u>课程编号</u>,课程类别,课程名称,学分,学时,教材,课程简介,课程网址)。

- 实体:课程类别。

对应关系模式:课程类别(<u>类别编号</u>,类别名称,类别简介)。

- 实体:教师。

对应关系模式:教师(<u>教师编号</u>,姓名,性别,出生日期,政治面貌,工作年限,职称,学历,教育经历,培训经历,工作前经历,工作后经历,照片,家庭住址,籍贯,民族,自我评价,联系电话,邮箱,个人网站,MSN,状态,deleted)。

- 实体:账户。

对应关系模式:账户(<u>账户号</u>,账户密码,状态)。

- 实体:角色。

对应关系模式:角色(<u>角色编号</u>,角色名称)。

- 实体:功能。

对应关系模式:功能(<u>功能编号</u>,上级功能编号,功能名称,URL,功能简介)。

(2) 每一 $m:n$ 的联系转换为一个关系模式。

- 联系:课表。

对应关系模式:课表(<u>编号</u>,课程编号,班级编号,任课教师编号,上课地点,日期,开始大节,开始小节,结束小节,周学时,起始日期,截止日期,学期,学年)。

- 联系:成绩。

对应关系模式:成绩(<u>编号</u>,课程编号,学号,任课教师编号,成绩类型,成绩,录入教学周,学期,学年,录入时间)。

- 联系:账户_角色。

对应关系模式:账户_角色(<u>账户号,角色编号</u>)。

- 联系:授权。

对应关系模式:授权(<u>角色编号,功能编号</u>)。

也可以参照实验 3 使用 PowerDesigner 将 CDM 转化为 PDM。转化为 PDM 后,在 PDM 中再做一些修改:

(1) 修改 PDM 中一些表的属性名。

- USR_ROLE:修改 ID 为 USR_ID。
- PERMISSIONS:修改 ID 为 FUN_ID。
- STUDENT:修改 TEA_ID 为 TEAM_ID。

(2) 修改 PDM 中表 SCHEDULE 和 SCORE 的主键。

- SCHEDULE:修改主键为 ID。
- SCORE:修改主键为 ID。

(3) 设置 PDM 中一些属性为非空。

- CLASS:设置 TEA_ID 非空。
- COURSE:设置 CCL_ID 非空。

PDM 如图 3-3(a)和图 3-3(b)所示。

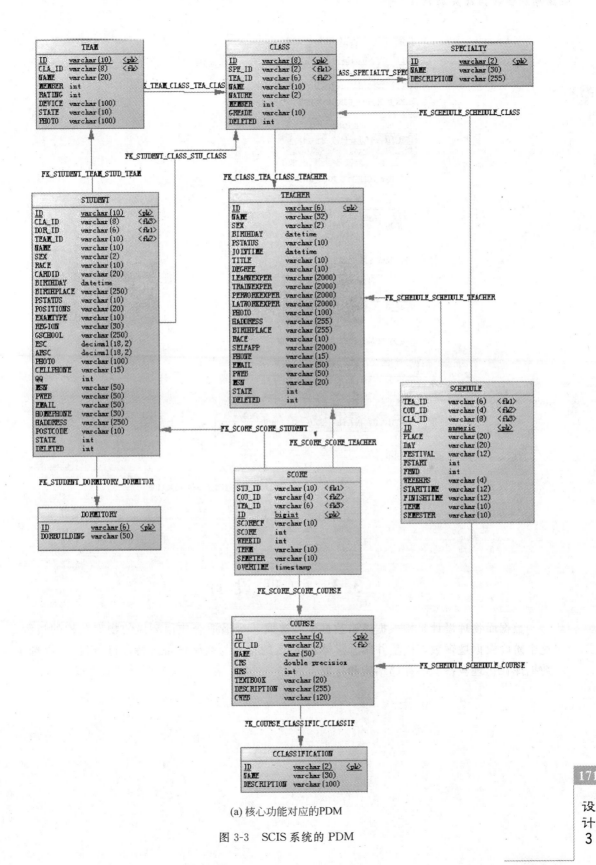

(a) 核心功能对应的PDM

图 3-3　SCIS 系统的 PDM

设
计
3

数据库设计

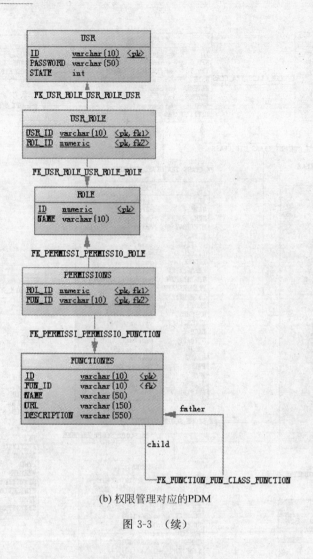

(b) 权限管理对应的PDM

图 3-3 （续）

3.3 物 理 设 计

数据库物理设计是指根据逻辑数据模型选取一个最适合应用环境的物理结构的过程。这个阶段根据逻辑数据模型并结合具体 DBMS 的特点与存储设备的特性进行设计，以选定数据库在物理设备上的存储结构和存取方法。

设计 4 数据库的实施

4.1 SQL Server 2005 的安装和配置

如果已经安装了 SQL Server 2005，可忽略本小节，否则请安装 SQL Server 2005，具体操作步骤请参照实验 5。

4.2 数据库的创建和配置

创建数据库 SCIS，其数据文件名为 SCIS.mdf，置于 D 盘根目录；日志文件名为 SCIS_log.ldf，置于 D 盘根目录，设置恢复模式为"完整"。具体操作步骤请参照实验 8。

说明：数据文件和日志文件的存储结构及存储路径可根据需要进行调整。在实际应用中，将事务日志文件与数据文件放置在分开的物理磁盘上是一种更好的选择。这样将会减少争用，并且可使一组驱动器磁头在其他磁头从数据文件中读取数据的同时，将事务记录到事务日志中。

4.3 创建架构

建立架构 scisapp，用于维护数据库安全性，将所建数据库对象均置于架构 scisapp 下。具体操作步骤请参照实验 9。架构定义如表 4-1 所示。

表 4-1 架构定义

架构名称	架构所有者
scisapp	dbo

说明：将应用所需的表、视图及存储过程都创建于此架构内，再通过授权使应用程序只能访问 scisapp 架构下的数据库对象，以此实现数据库的安全管理。

4.4 表和索引的创建及数据完整性

从逻辑结构角度来说，数据库由大量的表构成，表中包含了由行和列组织起来的数据。在创建完数据库之后，首先要做的就是在数据库中创建表。数据完整性的重要性不言而喻，因此，对于表，还要设置主、外键及各种约束。创建表的具体操作步骤可以参照实验 7（可以由 PDM 自动创建数据库，完整性约束也将一同创建），也可以参照实验 10。

说明：如果是参照实验 7 由 PDM 自动创建数据库,则所需表创建成功后,还需做一点修改,修改表 SCORE、SCHEDULE 和 ROLE 中 ID 字段的类型为自动增长。另外,确保将表创建在 scisapp 架构下。

对于一个应用系统,如何能够快速地从数据库中查询到所需的数据是十分重要的。应用系统投入使用后,随着数据量的不断增大,查询所花费的时间也将增加,使用索引可以对查询性能进行优化。关于有效使用索引,请综合参照实验 11、实验 22 和实验 25。

下面将给出数据库 SCIS 中表的模式。

1. 表 STUDENT

（1）概述：用于记录学生信息。

（2）表定义：如图 4-1 所示。

（3）主键：(ID)。

（4）外键：

- DOR_ID：用于与表 DORMITORY 中的 ID 字段关联。
- TEAM_ID：用于与表 TEAM 中的 ID 字段关联。
- CLA_ID：用于与表 CLASS 中的 ID 字段关联。

（5）约束：无其他约束。

（6）索引：主键字段 ID 具有自动创建的聚集索引。

2. 表 COURSE

（1）概述：用于记录课程信息。

（2）表定义：如图 4-2 所示。

（3）主键：(ID)。

（4）外键：

CCL_ID：用于与表 CCLASSIFICATION 中的 ID 字段关联。

（5）约束：无其他约束。

（6）索引：主键字段 ID 具有自动创建的聚集索引。

3. 表 CCLASSIFICATION

（1）概述：用于记录课程类别信息。

（2）表定义：如图 4-3 所示。

STUDENT

列名	数据类型	可为空值
ID	varchar(10)	否
CLA_ID	varchar(8)	是
DOR_ID	varchar(6)	是
TEAM_ID	varchar(6)	是
NAME	varchar(10)	是
SEX	varchar(2)	是
RACE	varchar(10)	是
CARDID	varchar(20)	是
BIRTHDAY	datetime	是
BIRTHPLACE	varchar(250)	是
PSTATUS	varchar(10)	是
POSITIONS	varchar(20)	是
EXAMTYPE	varchar(10)	是
REGION	varchar(30)	是
GSCHOOL	varchar(250)	是
ESC	decimal(18, 0)	是
ARSC	decimal(18, 0)	是
PHOTO	varchar(100)	是
CELLPHONE	varchar(15)	是
QQ	int	是
MSN	varchar(50)	是
PWEB	varchar(50)	是
EMAIL	varchar(50)	是
HOMEPHO...	varchar(30)	是
HADDRESS	varchar(250)	是
POSTCODE	varchar(10)	是
STATE	int	是
DELETED	int	是

图 4-1　表 STUDENT 的定义

COURSE

列名	数据类型	可为空值
ID	varchar(4)	否
CCL_ID	varchar(2)	否
NAME	char(50)	是
CRS	float	是
HRS	int	是
TEXTBOOK	varchar(20)	是
DESCRIPTION	varchar(255)	是
CWEB	varchar(120)	是

图 4-2　表 COURSE 的定义

CCLASSIFICATION

列名	数据类型	可为空值
ID	varchar(2)	否
NAME	varchar(30)	是
DESCRIPTION	varchar(100)	是

图 4-3　表 CCLASSIFICATION 的定义

（3）主键：（ID）。

（4）外键：无。

（5）约束：无其他约束。

（6）索引：主键字段 ID 具有自动创建的聚集索引。

4. 表 TEAM

（1）概述：用于记录团队信息。

（2）表定义：如图 4-4 所示。

（3）主键：（ID）。

（4）外键：

CLA_ID：用于与表 CLASS 中的 ID 字段关联。

（5）约束：无其他约束。

（6）索引：主键字段 ID 具有自动创建的聚集索引。

5. 表 DORMITORY

（1）概述：用于记录宿舍信息。

（2）表定义：如图 4-5 所示。

TEAM

列名	数据类型	可为空值
ID	varchar(10)	否
CLA_ID	varchar(8)	是
NAME	varchar(20)	是
MEMBER	int	是
RATING	int	是
DEVICE	varchar(100)	是
STATE	varchar(10)	是
PHOTO	varchar(100)	是

图 4-4　表 TEAM 的定义

DORMITORY

列名	数据类型	可为空值
ID	varchar(6)	否
DORBUILDING	varchar(50)	是

图 4-5　表 DORMITORY 的定义

（3）主键：（ID）。

（4）外键：无

（5）约束：无其他约束。

（6）索引：主键字段 ID 具有自动创建的聚集索引。

6. 表 CLASS

（1）概述：用于记录班级信息。

（2）表定义：如图 4-6 所示。

（3）主键：（ID）。

（4）外键：

- SPE_ID，用于与表 SPECIALTY 中的 ID 字段关联。
- TEA_ID，用于与表 TEACHER 中的 ID 字段关联。

（5）约束：无其他约束。

（6）索引：主键字段 ID 具有自动创建的聚集索引。

7. 表 SPECIALTY

（1）概述：用于记录专业方向信息。

（2）表定义：如图 4-7 所示。

CLASS

	列名	数据类型	可为空值
🔑	ID	varchar(8)	否
	SPE_ID	varchar(2)	是
	TEA_ID	varchar(6)	否
	NAME	varchar(10)	否
	NATURE	varchar(2)	是
	MEMBER	int	是
	GREADE	varchar(10)	是
	DELETED	int	是

图 4-6　表 CLASS 的定义

SPECIALTY

	列名	数据类型	可为空值
🔑	ID	varchar(2)	否
	NAME	varchar(30)	是
	DESCRIPTION	varchar(255)	是

图 4-7　表 SPECIALTY 的定义

（3）主键：(ID)。

（4）外键：无。

（5）约束：无其他约束。

（6）索引：主键字段 ID 具有自动创建的聚集索引。

8. 表 TEACHER

（1）概述：用于记录教师信息。

（2）表定义：如图 4-8 所示。

（3）主键：(ID)。

（4）外键：无。

（5）约束：无其他约束。

（6）索引：主键字段 ID 具有自动创建的聚集索引。

9. 表 SCORE

（1）概述：用于记录成绩信息。

（2）表定义：如图 4-9 所示。

（3）主键：(ID)。

（4）外键：

• STU_ID：用于与表 STUDENT 中的 ID 字段关联。

• COU_ID：用于与表 COURSE 中的 ID 字段关联。

• TEA_ID：用于与表 TEACHER 中的 ID 字段关联。

（5）约束：无其他约束。

（6）索引：主键字段 ID 具有自动创建的聚集索引。

10. 表 SCHEDULE

（1）概述：用于记录课表信息。

（2）表定义：如图 4-10 所示。

（3）主键：(ID)。

（4）外键：

TEACHER

	列名	数据类型	可为空值
🔑	ID	varchar(6)	否
	NAME	varchar(32)	是
	SEX	varchar(2)	是
	BIRTHDAY	datetime	是
	PSTATUS	varchar(10)	是
	JOINTIME	datetime	是
	TITLE	varchar(10)	是
	DEGREE	varchar(10)	是
	LEARNEXPER	varchar(2000)	是
	TRAINEXPER	varchar(2000)	是
	PERWORKEXPER	varchar(2000)	是
	LATWORKEXPER	varchar(2000)	是
	PHOTO	varchar(100)	是
	HADDRESS	varchar(255)	是
	BIRTHPLACE	varchar(255)	是
	RACE	varchar(10)	是
	SELFAPP	varchar(2000)	是
	PHONE	varchar(15)	是
	EMAIL	varchar(50)	是
	PWEB	varchar(50)	是
	MSN	varchar(20)	是
	STATE	int	是
	DELETED	int	是

图 4-8　表 TEACHER 的定义

SCORE

列名	数据类型	可为空值
STU_ID	varchar(10)	否
COU_ID	varchar(4)	否
TEA_ID	varchar(6)	否
ID	int	否
SCORECF	varchar(10)	是
SCORE	int	是
WEEKID	int	是
TERM	varchar(10)	是
SEMETER	varchar(10)	是
OVERTIME	timestamp	是

图 4-9　表 SCORE 的定义

SCHEDULE

列名	数据类型	可为空值
TEA_ID	varchar(6)	否
COU_ID	varchar(4)	否
CLA_ID	varchar(8)	否
ID	int	否
PLACE	varchar(20)	是
DAY	varchar(20)	是
FESTIVAL	varchar(12)	是
FSTART	int	是
FEND	int	是
WEEKHRS	varchar(4)	是
STARTTIME	varchar(12)	是
FINISHTIME	varchar(12)	是
TERM	varchar(10)	是
SEMESTER	varchar(10)	是

图 4-10　表 SCHEDULE 的定义

- TEA_ID：用于与表 TEACHER 中的 ID 字段关联。
- COU_ID：用于与表 COURSE 中的 ID 字段关联。
- CLA_ID：用于与表 CLASS 中的 ID 字段关联。

（5）约束：无其他约束。

（6）索引：主键字段 ID 具有自动创建的聚集索引。

11. 表 USR

（1）概述：用于记录账户信息。

（2）表定义：如图 4-11 所示。

（3）主键：(ID)。

（4）外键：无。

（5）约束：无其他约束。

（6）索引：主键字段 ID 具有自动创建的聚集索引。

12. 表 ROLE

（1）概述：用于记录角色信息。

（2）表定义：如图 4-12 所示。

USR

列名	数据类型	可为空值
ID	varchar(10)	否
PASSWORD	varchar(50)	否
STATE	int	是

图 4-11　表 USR 的定义

ROLE

列名	数据类型	可为空值
ID	numeric(18, 0)	否
NAME	varchar(10)	否

图 4-12　表 ROLE 的定义

（3）主键：(ID)。

（4）外键：无。

（5）约束：无其他约束。

（6）索引：主键字段 ID 具有自动创建的聚集索引。

13. 表 USR_ROLE

（1）概述：用于记录账户所属角色信息。

（2）表定义：如图 4-13 所示。

（3）主键：（USR_ID，ROL_ID）。

（4）外键：

USR_ROLE		
列名	数据类型	可为空值
USR_ID	varchar(10)	否
ROL_ID	int	否

- USR_ID：用于与表 USR 中的 ID 字段关联。

- ROL_ID：用于与表 ROLE 中的 ID 字段关联。

图 4-13　表 USR_ROLE 的定义

（5）约束：无其他约束。

（6）索引：主键属性组（USR_ID，ROL_ID）具有自动创建的聚集索引。

14. 表 FUNCTIONES

（1）概述：用于记录系统功能信息。

（2）表定义：如图 4-14 所示。

（3）主键：（ID）。

（4）外键：

FUN_ID：用于与自身的 ID 字段关联。

（5）约束：无其他约束。

（6）索引：主键字段 ID 具有自动创建的聚集索引。

15. 表 PERMISSIONS

（1）概述：用于记录授权信息。

（2）表定义：如图 4-15 所示。

FUNCTIONES		
列名	数据类型	可为空值
ID	varchar(10)	否
FUN_ID	varchar(10)	是
NAME	varchar(50)	否
URL	varchar(150)	是
DESCRIPTION	varchar(550)	是

图 4-14　表 FUNCTIONES 的定义

PERMISSIONS		
列名	数据类型	可为空值
ROL_ID	int	否
FUN_ID	varchar(10)	否

图 4-15　表 PERMISSIONS 的定义

（3）主键：（ROL_ID，FUN_ID）。

（4）外键：

- ROL_ID：用于与表 ROLE 中的 ID 字段关联。

- FUN_ID：用于与表 FUNCTIONES 中的 ID 字段关联。

（5）约束：无其他约束。

（6）索引：主键属性组（ROL_ID，FUN_ID）具有自动创建的聚集索引。

说明：以上是 SCIS 应用系统主要功能所涉及的表，其他表请参考配套教学资源中提供的数据库。

4.5　数据库关系图

SCIS 数据库关系图如图 4-16 所示。

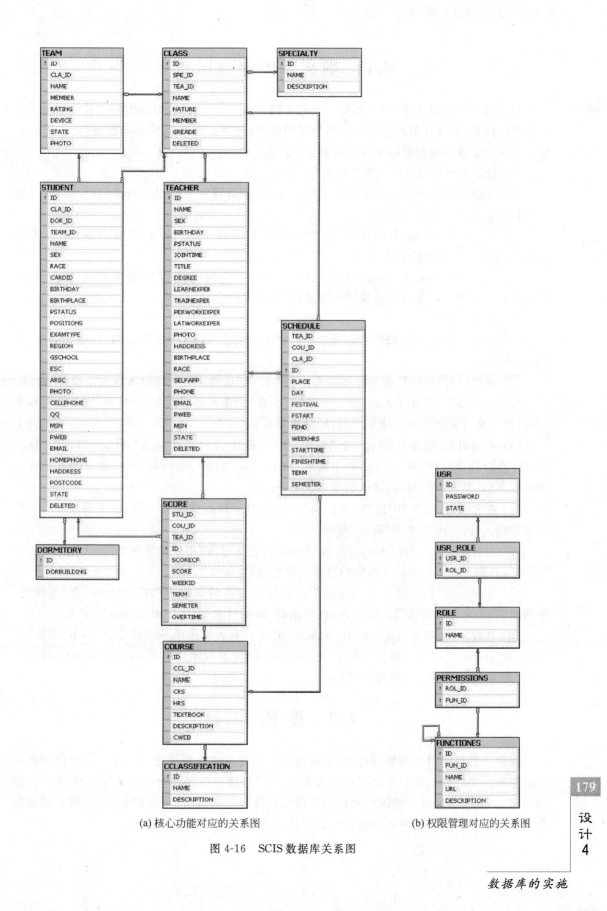

(a) 核心功能对应的关系图

(b) 权限管理对应的关系图

图 4-16　SCIS 数据库关系图

4.6 数据库安全性设置

对于数据库应用系统,安全性是一个重要因素。SCIS 系统的数据库将会被 Internet 上的用户访问到,需要仔细地进行用户和权限的设计,避免造成系统信息的泄漏,防止黑客入侵。安全性设置主要包括以下 4 个步骤:

(1) 设定密码策略以符合复杂性要求。

(2) 在服务器端为应用程序建立登录名 scisapp,并设置为 SQL Server 身份验证,以使前台程序能够访问 SQL Server。

(3) 在数据库 SCIS 中创建用户,使登录名 scisapp 可以访问 SCIS 数据库(登录名 scisapp 不能访问其他数据库)。

(4) 为用户 scisapp 赋予适当的权限(主要是对架构 scisapp 下对象的查询、插入、删除和更新),防止用户错误或恶意地访问和修改其他数据库中的数据。

具体操作过程如下:

(1) 依次打开"控制面板"→"管理工具"→"本地安全策略",然后依次展开"账户策略"→"密码策略"。

(2) 在窗口右栏启用"密码必须符合复杂性要求"策略,然后关闭"本地安全设置"窗口。

(3) 打开 SQL Server Management Studio,在"对象资源管理器"中展开"安全性",右击"登录名",然后从弹出的快捷菜单选择"新建登录名"命令。

(4) 在弹出的"登录名-新建"对话框中,在"登录名"文本框中输入"scisapp",选中"SQL Server 身份验证",在"密码"文本框中输入"Scis10pwd＄＄",取消对"用户在下次登录时必须更改密码"复选框的勾选,默认数据库改为 SCIS。

(5) 在左边"选择页"中选择"用户映射",在"映射到此登录名的用户"下选中 SCIS,默认架构输入"scisapp",单击"确定"按钮。

(6) 打开 SQL Server Management Studio,在"数据库"中依次展开 SCIS→"安全性"→"用户",右击 scisapp,然后从弹出的快捷菜单中选择"属性"命令。

(7) 在弹出的"数据库用户-scisapp"中,此用户拥有的架构中选择 scisapp,在"选择页"中选择"安全对象",单击"添加"按钮,在弹出的"添加对象"窗体中单击"确定"按钮。

(8) 在弹出的"选择对象"中,在"对象类型"下拉列表中选择"架构"选项,单击"浏览"按钮,选择"scisapp",单击"确定"按钮,在"scisapp 的显示权限"中,将 select、insert、update、delete 选中"授予",单击"确定"按钮。

4.7 视 图 设 计

视图是数据库用户的数据视图,是与某一应用有关的数据的逻辑表示。合理使用视图能够带来许多好处。在一个数据库应用系统中,可以将一些复杂查询定义为视图,基于视图编写应用程序,这样可以使用户能以多种角度看待同一数据,还可以简化操作,而且对重构数据库提供了一定程度的逻辑独立性。创建并使用视图,请参照实验 15。

4.8　存储过程设计

存储过程是 SQL Server 的数据库对象。存储过程的存在独立于表,它存放在服务器上,供客户端调用。存储过程是大型、复杂、高性能要求的数据库应用系统所必需的技术。在 SCIS 中,也可以应用存储过程。例如,教师需要汇总某班某课程的考试情况,统计不同分数段的人数和平均成绩,这样的功能就可以通过存储过程来实现。下面给出实现该功能的存储过程的相关提示信息。

(1) 实现功能:统计某班某课程不同分数段的人数和平均成绩。

(2) 输入参数:课程编号,班级编号。

(3) 所需表:学生(提供学生所在班级信息),班级(提供班级名称),课程(提供课程名称),成绩(提供学生的成绩)。

(4) 存储过程的算法:先统计不同分数段的人数,再求平均成绩。

① 统计不同分数段的人数。分数段一般分为 60 分以下、60～69、70～79、80～89、90～100。可以使用循环结构。循环体内利用查询语句每次统计一个分数段的人数,然后调整分数段的区间。

② 求平均成绩。利用一条聚集查询语句即可实现。

说明:根据提示信息,再综合参照实验 26 和实验 28,可以较容易实现上述存储过程。

4.9　应用系统模块结构以及关键实现技术

4.9.1　应用系统模块结构

1. 默认页设计

(1) 页面名称。

scispg\application\modules\default\views\scripts\index\index. php,整个网站最初进入的默认页面,也是用户登录页面。

(2) 页面功能概述。

提供用户登录,检查用户输入的用户名和密码是否存在并匹配。系统校验用户输入的账户名和账户密码,若正确,则显示用户主界面;若有误,系统提示账户名或账户密码错误,返回登录界面。

登录系统后,系统根据登录用户的角色返回给用户相应的界面,用户进行自己权限内的业务操作。

2. 找回密码页设计

(1) 页面名称。

scispg\application\modules\default\views\scripts\index\findpassword. php,找回密码页面。

(2) 页面功能概述。

系统用户通过找回密码用例,重新设置自己账户的密码。检查用户输入的邮箱地址是否有效,发送用户账号及密码信息至用户注册邮箱中,用户可输入新密码。用户在忘记密码后可以重新设置账户的密码,以便不影响系统的使用。

3. 学生查看学生信息

(1) 页面名称。

scispg\application\modules\student\views\scripts\information\look. php,查看指定学生的详细信息页面。

scispg\application\modules\student\views\scripts\information\classmate. php,以列表形式查看自己班级学生的信息页面。

(2) 页面功能概述。

学生通过查看学生信息页面,可以查看自己和自己班级学生的基本信息。

学生若查看自己的基本信息,在系统主界面单击"我的基本信息",系统默认显示学生自己的详细基本信息。

学生若查看自己班级学生的基本信息,在系统主界面单击"我的同学信息",系统默认以照片列表形式显示学生所在班级学生的信息,单击某学生照片,系统显示指定学生的详细基本信息。

4. 教师查看学生信息

(1) 页面名称。

scispg\application\modules\stu\views\scripts\index\look. php,以列表形式查看全体学生信息页面。

scispg\application\modules\stu\views\scripts\index\lookstudent. php,查看指定学生的详细信息页面。

(2) 页面功能概述。

班主任和任课教师通过查看学生信息页面,查看学生的基本信息。

班主任、任课教师在系统主界面,单击查看学生基本信息,系统默认以照片列表形式显示教师所带班级学生的信息,可以按班级、学号、年级、专业和宿舍查看学生信息,单击某学生照片,系统显示指定学生的详细基本信息。

5. 维护学生信息

(1) 页面名称。

scispg\application\modules\stu\views\scripts\index\manage. php,维护学生信息页面。

scispg\application\modules\stu\views\scripts\index\update. php,修改学生信息页面。

scispg\application\modules\stu\views\scripts\index\add. php,添加学生信息页面。

scispg\application\modules\stu\views\scripts\index\volumeadd. php,批量导入学生信息页面。

scispg\application\modules\stu\views\scripts\index\volumephoto. php,批量导入学生照片页面。

(2) 页面功能概述。

班主任使用维护学生基本信息页面,可以登记、维护自己班级学生的基本信息。班主任在维护学生信息界面可以添加、修改、删除所带班级的学生信息,并可批量导入学生信息和批量导入学生照片。

班主任在系统主界面单击维护学生信息,系统默认显示班主任所带班级学生的信息,单击某个学生,系统以简历样式显示指定学生的详细基本信息。班主任在查看学生个人信息界面单击"删除"按钮,可删除学生信息。

班主任在查看学生信息界面单击修改某学生信息,系统显示可修改的学生信息,班主任修改学生的信息后,单击"提交"按钮即可完成修改学生信息。

班主任在维护学生信息界面单击添加学生,系统显示添加学生基本信息界面,输入学生的各项信息,单击"提交"按钮,系统校验提交的数据无误,保存学生信息,并提示学生添加成功。

班主任在维护学生信息界面单击批量导入学生和批量导入照片,可批量导入学生信息和批量导入学生的照片。

6. 查看教师信息

(1)页面名称。

scispg\application\modules\teacher\views\scripts\index\manage.php,查看所有教师信息页面。

scispg\application\modules\teacher\views\scripts\index\lookteacher.php,查看教师信息页面。

scispg\application\modules\teacher\views\scripts\index\look.php,教师查看自己个人信息页面。

(2)页面功能概述。

通过查看教师信息,可以了解教师的基本情况。任课教师和班主任可以通过"我的信息"查看个人详细信息;教学主管可以查看所有教师的信息,若单击某教师的信息则以简历形式显示指定教师的详细信息。

7. 维护教师信息

(1)页面名称。

scispg\application\modules\teacher\views\scripts\index\manage.php,维护教师信息页面。

scispg\application\modules\teacher\views\scripts\index\update.php,修改教师信息页面。

scispg\application\modules\teacher\views\scripts\index\add.php,添加教师信息页面。

(2)页面功能概述。

教学秘书使用维护教师信息系统记录教师的信息,方便教学,并可供教务部门了解教师的情况。教学秘书在维护教师信息界面可以添加、修改、删除教师信息,并可查看当前已有教师的详细信息,系统还能显示按指定字段名排序的教师信息。

教学秘书在系统主界面单击维护教师信息,系统默认列表形式显示当前已有教师的信息,单击某教师姓名,系统以简历形式显示指定教师的详细信息。在显示所有教师信息界面,单击教师信息的某一字段名称,系统显示按指定字段名排序的教师信息。

教学秘书在显示教师信息界面单击修改某教师信息,系统显示可修改的教师信息界面,教学秘书修改教师的信息,单击"提交"按钮即完成修改。

教学秘书在显示教师信息页面单击"删除"按钮可删除指定教师信息。

教学秘书在维护教师信息界面单击"添加"按钮,系统显示输入教师信息的界面,可添加教师信息。

8. 课程信息

(1)页面名称。

scispg\application\modules\course\views\scripts\index\manage. php,维护课程信息页面。

scispg\application\modules\course\views\scripts\index\lookcourse. php,显示某一课程详细信息页面。

scispg\application\modules\course\views\scripts\index\update. php,修改课程信息页面。

scispg\application\modules\course\views\scripts\index\ add. php,添加课程信息页面。

(2)页面功能概述。

教学秘书使用维护课程信息系统记录学院所开授课程的详细信息。教学秘书在维护课程信息界面可以查看当前已有的所有课程的信息,单击课程列表里某字段名,系统按照指定字段升序排序显示课程信息;单击某课程名,系统显示指定课程的详细信息。在添加课程信息界面,可以添加课程信息;在显示课程信息界面,可以修改、删除某课程信息。

9. 课表信息

(1)页面名称。

scispg\application\modules\schedule\views\scripts\index\manage. php,维护和查看课表信息页面。

scispg\application\modules\schedule\views\scripts\index\ add. php,添加课表信息页面。

scispg\application\modules\schedule\views\scripts\index\update. php,修改课表信息页面。

scispg\application\modules\schedule\views\scripts\index\look. php,查看课表信息页面。

scispg\application\modules\schedule\views\scripts\index\lookcourse. php,查看课程信息页面。

scispg\application\modules\schedule\views\scripts\index\lookteacher. php,查看任课教师信息页面。

scispg\application\modules\student\views\scripts\schedule\look. php,学生查看课表信息页面。

scispg\application\modules\student\views\scripts\schedule\lookcourse. php,学生查看课程信息页面。

scispg\application\modules\student\views\scripts\schedule\lookteacher. php,学生查看任课教师信息页面。

（2）页面功能概述。

教学秘书使用课表管理系统把课程安排的情况登记到系统中，方便学生和老师查看。班主任查看所带班级的课表信息；任课教师查看所授课程的课表信息，了解授课班级的信息；学生查看班级的课表，了解课程信息，了解任课教师的基本信息。

教学秘书在系统主界面单击维护课表，系统以列表形式显示当前学期和下学期的课表安排信息，可以按班级、教师、课程、上课时间和上课地点查看课表。在添加课表信息界面，可以添加课表安排信息；在显示课表信息界面，可以修改、删除课表信息。

班主任在系统主界面单击查看班级课表，系统以课表的形式显示班主任所带班级的课表信息，若单击课表信息中的某任课教师姓名，系统显示指定教师的基本信息。学生在系统主界面单击查看课表，系统以课表的形式显示学生所在班级的课表信息。任课教师在系统主界面上单击查看课表，系统以课表的形式显示当前学期任课教师授课的课表信息，若单击课表信息中的某班级名称，系统显示指定班级的详细信息。

10. 维护学生成绩信息

（1）页面名称。

scispg\application\modules\score\views\scripts\index\manage.php，维护学生成绩信息页面。

scispg\application\modules\score\views\scripts\index\selectadd.php，添加学生成绩信息页面。

scispg\application\modules\score\views\scripts\index\volumeadd.php，导入学生成绩信息页面。

scispg\application\modules\score\views\scripts\index\update.php，修改学生成绩信息页面。

（2）页面功能概述。

任课教师通过维护学生成绩页面记录学生的课程成绩。

任课教师在维护学生成绩界面单击添加学生成绩，可以选择班级（教师所授课班级）、课程（教师教授的课程）、成绩的类别（课堂测验，作业，课程设计，期末考试），并输入学生对应的成绩，然后提交。成绩提交后不能再修改。任课教师在显示学生成绩界面单击某成绩项的单选框，可以对指定成绩项进行成绩分析。

任课教师在学生成绩提交前可以保存成绩，也可以在保存后提交前修改、删除学生成绩。

11. 查看学生成绩信息

（1）页面名称。

scispg\application\modules\score\views\scripts\index\look.php，查看学生成绩信息页面。

scispg\application\modules\student\views\scripts\score\look.php，学生查看成绩信息页面。

scispg\application\modules\score\views\scripts\index\lookcouscore.php，按课程查看学生成绩信息页面。

scispg\application\modules\score\views\scripts\index\lookscore.php，查看指定学生

成绩信息页面。

（2）页面功能概述。

学生、任课教师、班主任通过查看学生成绩页面，查看学生课堂测验成绩，考试成绩，了解学生的学习情况。

教师在系统主界面单击查看学生成绩信息，系统显示教师所带课或所带班的某班级学生的课程成绩信息。教师可以在查询条件中选择班级、学年和学期等条件，查询指定班级学生的指定学年、学期的课程成绩信息，或单击某学生学号查看指定学生当前学期的成绩详细信息。

学生在系统主界面单击查看我的成绩信息，可以查看自己课程成绩的详细信息。

12．团队信息

（1）页面名称。

scispg\application\modules\team\views\scripts\index\manage.php，维护和查看团队信息页面。

scispg\application\modules\team\views\scripts\index\add.php，添加团队信息页面。

scispg\application\modules\team\views\scripts\index\update.php，修改团队信息页面。

scispg\application\modules\team\views\scripts\index\distribution.php，分配团队成员信息页面。

（2）页面功能概述。

班主任使用维护团队信息页面记录班级中各项目团队的信息。

班主任在系统主界面单击维护团队信息，可以查看所带班级的各团队信息；在维护团队信息界面可以增加团队信息，包括团队编号、团队名称、团队装备、级别、选择团队成员和上传团队照片等。

班主任在显示团队信息界面可以修改、删除某团队信息。

13．班级信息

（1）页面名称。

scispg\application\modules\class\views\scripts\index\manage.php，维护和查看班级信息页面。

scispg\application\modules\class\views\scripts\index\add.php，添加班级信息页面。

scispg\application\modules\class\views\scripts\index\update.php，修改班级信息页面。

（2）页面功能概述。

使用维护班级信息页面记录、查看学院所有班级的详细信息。

教学秘书在系统主页面单击维护班级信息，可以查看当前已有班级的信息。在维护班级信息界面可以添加班级信息。在显示班级信息界面可以修改、删除某一班级信息。

教师可以查看自己所教授班级的信息。

14．宿舍管理信息

（1）页面名称。

scispg\application\modules\dormitory\views\scripts\index\manage.php，维护和查看

宿舍信息页面。

scispg\application\modules\dormitory\views\scripts\index\add. php,添加宿舍信息页面。

scispg\application\modules\dormitory\views\scripts\index\update. php,修改宿舍信息页面。

（2）页面功能概述。

使用维护宿舍信息页面可以查看、维护所有宿舍的详细信息。

班主任在系统主页面单击维护宿舍信息,可以查看当前已有宿舍的信息。在维护宿舍信息界面可以修改、删除宿舍信息,如果宿舍已被使用,则不能删除宿舍。用户也可以添加宿舍信息。

15. 专业方向信息

（1）页面名称。

scispg\application\modules\specialty\views\scripts\index\manage. php,维护和查看专业方向信息页面。

scispg\application\modules\specialty\views\scripts\index\lookspecialty. php,查看某一专业方向详细信息页面。

scispg\application\modules\specialty\views\scripts\index\add. php,添加专业方向信息页面。'

scispg\application\modules\specialty\views\scripts\index\update. php,修改专业方向信息页面。

（2）页面功能概述。

使用维护专业方向信息页面记录、查看学院所有专业方向的详细信息。

教学秘书在系统主页面单击维护专业方向信息,可以查看当前已有专业方向的信息。在维护专业方向信息界面可以添加专业方向信息。在显示专业方向信息界面可以修改、删除某一专业方向信息。

16. 维护角色信息

（1）页面名称。

scispg\application\modules\role\views\scripts\index\manage. php,维护角色信息页面。

scispg\application\modules\role\views\scripts\index\add. php,添加角色信息页面。

scispg\application\modules\role\views\scripts\index\update. php,修改角色名称页面。

scispg\application\modules\role\views\scripts\index\addnewusr. php,为角色添加新建账户页面。

scispg\application\modules\role\views\scripts\index\addoldusr. php,为角色添加已有账户页面。

scispg\application\modules\role\views\scripts\index\delete. php,删除角色下的账户页面。

（2）页面功能概述。

系统管理员通过角色管理页面对系统内的所有角色进行管理。

系统管理员在系统主界面单击维护角色,可以查看系统内已有的角色信息。在维护角色界面可以添加角色,并选择角色所具有的功能。在显示角色界面可以修改、删除某角色,若要删除的角色下的所有账户都只有唯一的角色,系统提示角色不能删除。

系统管理员在显示角色界面可以选择某角色,添加已有账户、添加新建账户、删除账户。

17. 维护账户信息

(1) 页面名称。

scispg\application\modules\user\views\scripts\index\manage. php,维护账户信息页面。

scispg\application\modules\user\views\scripts\index\add. php,添加账户信息页面。

scispg\application\modules\user\views\scripts\index\updaterole. php,修改账户角色页面。

scispg\application\modules\user\views\scripts\index\assign. php,为账户分配权限页面。

(2) 页面功能概述。

系统管理员通过账户管理页面对使用本系统的所有用户的账户进行管理,维护系统账户使用系统的权限。

系统管理员在维护账户界面可以按角色、年级和账户名查询账户。

系统管理员在显示账户信息界面可以禁用或启用某账户,并将修改后的账户信息通过发送邮件到对应用户邮箱提示用户"账户已经禁用(或启用)"。通过初始化密码功能可将指定账户的密码修改为初始密码(123456),并发送邮件到对应用户邮箱提示用户"账户密码已初始化,请尽快登录系统修改密码"。

系统管理员在账户管理界面可以添加账户、修改账户的角色、为账户分配权限。

18. 维护权限信息

(1) 页面名称。

scispg\application\modules\permission\views\scripts\index\manage. php,维护权限信息页面。

scispg\application\modules\permission\views\scripts\index\assign. php,为角色分配权限页面。

(2) 页面功能概述。

系统管理员通过维护权限页面对系统内所有角色的权限进行启用或禁用。

系统管理员在维护权限界面可以查看系统内已有角色和角色对应的权限,也可以为某个角色设置相应的权限。

4.9.2　关键实现技术

PHP 页面一般采用的编码是 UTF-8,而 SQL Server 通常以 UCS-2 编码方案存储 Unicode 字符,两者之间需要转换。该课程设计案例的数据库中,对于字符型数据,没有选用 Unicode 字符集,因此,需要修改 PHP 页面采用的字符集,否则,将出现乱码问题。具体操作如下：

- 修改 PHP 页面采用的字符集为 GB2312：

< meta http-equiv = "content-type" content = "text/html; charset = GB2312">

- 设置 PHP 的 File Encoding 为 ANSI：以 EditPlus 为例，打开 Document 菜单，再选择 File Encoding→Change File Encoding 命令，在弹出的窗口中选择 ANSI 即可。

4.10 数 据 载 入

数据库结构建立好后，就可以向数据库中装载数据了。组织数据入库是数据库实施阶段的一项主要工作。数据装载方法通常有两种：人工方法和计算机辅助数据入库。

1. 人工方法：适用于小型系统

具体操作步骤如下：

（1）筛选数据。需要装入数据库中的数据通常都分散在各个部门的数据文件或原始凭证中，所以首先必须把需要入库的数据筛选出来。

（2）转换数据格式。筛选出来的需要入库的数据，其格式往往不符合数据库要求，还需要进行转换。这种转换有时可能很复杂。

（3）输入数据。将转换好的数据输入计算机中。

（4）校验数据。检查输入的数据是否有误。

2. 计算机辅助数据入库：适用于中大型系统

具体操作步骤如下：

（1）筛选数据。

（2）输入数据。由录入员将原始数据直接输入计算机中。数据输入子系统应提供输入界面。

（3）校验数据。数据输入子系统采用多种检验技术检查输入数据的正确性。

（4）转换数据。数据输入子系统根据数据库系统的要求，从录入的数据中抽取有用成分，对其进行分类，然后转换数据格式。抽取、分类和转换数据是数据输入子系统的主要工作，也是数据输入子系统的复杂性所在。

（5）综合数据。数据输入子系统对转换好的数据根据系统的要求进一步综合成最终数据。

说明：数据载入或者应用系统的某些功能经常需要在不同数据源之间进行数据交换，可以参照实验 23 和实验 24 来完成。

4.11 数据库试运行

在原有系统的数据有一小部分已输入数据库后，就可以开始对数据库系统进行联合调试，称为数据库的试运行。

数据库试运行的主要工作包括：

设计
4

数据库的实施

1. 功能测试

实际运行数据库应用程序,执行对数据库的各种操作,测试应用程序的功能是否满足设计要求。如果不满足,对应用程序部分则要修改、调整,直到达到设计要求。

2. 性能测试

测量系统的性能指标,分析是否达到设计目标。如果测试的结果与设计目标不符,则要返回物理设计阶段,重新调整物理结构,修改系统参数,某些情况下甚至要返回逻辑设计阶段,修改逻辑结构。

设计 5 数据库运行和维护

数据库投入正式运行后,还需要进行经常性的维护工作,主要由 DBA 完成。数据库维护的一个重要任务就是确保及时备份数据和在灾难发生时快速还原系统。为了保障数据库在发生故障时能够及时恢复,应该对数据库规划备份恢复策略,并备份用户数据库。

另外,数据库运行过程中,物理存储会不断变化,这将导致数据库性能下降,需要对数据库进行重组织和重构造。

总之,数据库的运行和维护工作是一个长期的任务。

5.1 规划备份策略

根据系统数据库的大小、应用的特点和每天获取的数据量进行估算,规划备份策略。

对于 SCIS 应用系统,新生入学、选课、排课、成绩录入和学生毕业等事件会引发大量的数据增、删、改操作,而这些事件只是在特定时间内发生,其他时间系统数据相对稳定。因此,根据 SCIS 应用系统的特点,可以制定如下备份策略:

* 发生上述事件后,进行完整备份;
* 每晚 10 点开始进行差异备份;
* 每天早 8 点至晚 6 点间隔 2 小时进行事务日志备份。

5.2 建立维护计划

根据规划的备份策略,对于"发生上述事件后,进行完整备份",具体操作过程请参照实验 29。对于"每晚 10 点开始进行差异备份"和"每天早 8 点至晚 6 点间隔 2 小时进行事务日志备份",可以建立维护计划,实现自动备份数据库,具体操作过程如下:

1. 启动 SQL Server 代理

(1)选择"开始"→"所有程序"→Microsoft SQL Server 2005→"配置工具"命令,然后单击 SQL Server Configuration Manager。

(2)单击"SQL Server 2005 服务",展开 SQL Server 2005 服务之后,在右边的窗口中双击 SQL Server Agent(MSSQLSERVER),打开 SQL Server Agent(MSSQLSERVER)属性窗口。

(3)在"SQL Server Agent(MSSQLSERVER)属性"窗口的"服务"选项卡上,验证 SQL Server 代理服务是否已配置为自动启动,且当前正在运行。

(4)在"SQL Server Agent(MSSQLSERVER)属性"窗口的"登录"选项卡上,验证 SQL Server 代理服务是否已配置为使用本地用户账户:SQL Server。

（5）单击"取消"按钮以关闭"SQL Server Agent（MSSQLSERVER）属性"对话框，然后关闭 SQL Server Configuration Manager。

2. 建立差异备份计划

（1）在"对象资源管理器"中，展开"服务器"和"管理"文件夹，右击"维护计划"，然后从弹出的快捷菜单中选择"维护计划向导"命令。

（2）在"维护计划向导"中的"名称"和"说明"文本框中分别输入"SCIS_backupdiff"和"差异备份"，单击"下一步"按钮。

（3）在"选择一项或多项维护任务"下拉列表框中选择"备份数据库（差异）"选项，单击"下一步"按钮。

（4）单击"下一步"按钮。

（5）在"数据库"下拉列表中选择 SCIS 选项，单击"下一步"按钮。

（6）单击"更改"按钮，在弹出的"新建作业计划"窗体中的"名称"文本框中输入"backupdiff"，"执行频率"设为"每天"，时间为"22：00"，单击"确定"按钮，然后单击"下一步"按钮。

（7）单击"下一步"按钮。

（8）单击"完成"按钮。

（9）单击"关闭"按钮，退出向导。

3. 建立事务日志备份计划

（1）在"对象资源管理器"中，展开"服务器"和"管理"文件夹，右击"维护计划"，然后从弹出的快捷菜单中选择"维护计划向导"命令。

（2）在"维护计划向导"中的"名称"和"说明"文本框中分别输入"SCIS_backuplog"和"事务日志备份"，单击"下一步"按钮。

（3）在"选择一项或多项维护任务"下拉列表框中选择"备份数据库（事务日志）"选项，单击"下一步"按钮。

（4）单击"下一步"按钮。

（5）在"数据库"下拉列表中选择 SCIS 选项，单击"下一步"按钮。

（6）单击"更改"按钮，在弹出的"新建作业计划"窗体中的"名称"文本框中输入"backuplog"，"执行间隔"设为"2 小时"，开始时间为"8：00"，结束时间为"18：00"，单击"确定"按钮，然后单击"下一步"按钮。

（7）单击"下一步"按钮。

（8）单击"完成"按钮。

（9）单击"关闭"按钮，退出向导。

参 考 文 献

1. 王珊,萨师煊.数据库系统概论.第 4 版.北京：高等教育出版社,2006.
2. Ullman J D,Widom J.数据库基础教程(影印版).北京：清华大学出版社,1998.
3. Ullman J D.数据库系统基础教程.第 3 版.岳丽华译.北京：机械工业出版社,2009.
4. 杨海霞.数据库实验指导.北京：人民邮电出版社,2007.
5. 陈伟.SQL Server 2005 数据库应用与开发教程.北京：清华大学出版社,2007.
6. 康会光.SQL Server 2005 中文版标准教程.北京：清华大学出版社,2007.
7. 钱雪忠.数据库与 SQL Server 2005 教程.北京：清华大学出版社,2007.

相关课程教材推荐

以上教材样书可以免费赠送给授课教师,如果需要,请发电子邮件与我们联系。

教学资源支持

敬爱的教师:

感谢您一直以来对清华版计算机教材的支持和爱护。为了配合本课程的教学需要,本教材配有配套的电子教案(素材),有需求的教师可以与我们联系,我们将向使用本教材进行教学的教师免费赠送电子教案(素材),希望有助于教学活动的开展。

相关信息请拨打电话 010-62776969 或发送电子邮件至 liangying@tup.tsinghua.edu.cn 咨询,也可以到清华大学出版社主页(http://www.tup.com.cn 或 http://www.tup.tsinghua.edu.cn)上查询和下载。

如果您在使用本教材的过程中遇到了什么问题,或者有相关教材出版计划,也请您发邮件或来信告诉我们,以便我们更好地为您服务。

地址:北京市海淀区双清路学研大厦 A-708　　计算机与信息分社 梁颖　收

邮编:100084　　　　　　　　　　　　电子邮件:liangying@tup.tsinghua.edu.cn

电话:010-62770175-4505　　　　　　邮购电话:010-62786544